コトパンジャン・ダム反対25年の記録

ODAダムが沈めた村と森

コトパンジャン・ダム被害者住民を支援する会

緑風出版

コトパンジャン・ダムの位置図

はじめに――コトパンジャン裁判が示したもの

インドネシア・コトパンジャン・ダム（注）被害者住民の損害賠償請求裁判は、二〇〇二年九月に東京地方裁判所に提訴され、二〇一五年三月に最高裁判所で請求棄却等の敗訴確定まで十四年にわたって取り組まれた。裁判に訴えた原告は、被害者住民八三九六人と、スマトラ象など稀少動物と自然生態系の代理人であるインドネシア環境フォーラム（ワルヒ）であった。

コトパンジャン・ダムによる水没地域は、一二四平方キロメートル、ちょうど東京・山手線内がすっぽり水没するほどの巨大なダム湖であり、対象となる住民は一〇カ村一万七〇〇〇人（国際協力銀行の調査）から二万人以上（外務省などの調査）であった。対象住民の三〇～四〇パーセントが裁判に立ち上がったのだ。

訴えられたのは、ダムプロジェクトを推進した日本政府、国際協力銀行（当時、ＪＢＩＣ）、国際協力事業団（当時、ＪＩＣＡ）および東電設計株式会社の四者であった。

政府開発援助（Official Development Assistance, ＯＤＡ）は、途上国を助けてあげる良いことだと宣伝されてきた。まさか裁判で損害賠償を訴えられる事態となることは、多くの人々には意外であった。ＯＤＡは、無駄遣いや役立たない援助とか、汚職・わいろの温床、途上国の借金漬けなどの問題が指摘されることはあっても、深刻な被害がおきていることは日本国内に知らされていなかった。コトパンジャン・ダム裁判は、被害者と環境破壊が大量に生み出され、多くの人が苦しんでいることを白日の下にさらけ出すことになった。

裁判を通じて、さまざまなことが明らかになった。軍隊を使った強制移住がおこなわれ、移住先はお粗末な家屋と水の出ない井戸、荒れ地のような農地とゴム園だった。しかも、ゴム園とは名ばかりで、ゴムの苗木しか植えられてなかった。補償金も満額もらえなかった。ダム建設以前の豊かな暮らしは奪われてしまったのだ。被害の実情は、原告住民の証言ばかりでなく、「援助効果促進調査中間報告書（二〇〇二年五月）」（ＳＡＰＳ、Special Assistance for Project Sustainability）という非公表の日本政府関係文書からも明らかになった。

コトパンジャン・ダム裁判は、多くのニュースやメディアに取り上げられ、ＯＤＡを批判的に検討する学生や若き研究者がふえた。日本の中学校の教科書も、ＯＤＡが現地住民より訴えられるほど問題点があることを記述した。

コトパンジャン・ダム裁判は、日本のＯＤＡの汚点を象徴的に示す事例となった。ここに至るまでには、援助という美名のもと開発によって、多くの住民犠牲者が「もうＯＤＡはやめてくれ」と反発と抵抗の声を上げ、これを早くから取り上げた日本のＮＧＯと学者、ジャーナリストの粘り強い取り組みがあった。

第１次提訴を前に鼓舞（東京、2002年９月５日）

コトパンジャン・ダム問題の先駆者たちは、裁判にかかわられた方だけでも、鷲見一夫氏、村井吉敬氏、久保康之氏はじめNGOニンジャ（NINDJA）、地球の友、ジャーナリスト諏訪勝氏らがいた。この方たち何名かとインドネシア現地の法律家、NGOと協議が重ねられ、なんとか住民被害の救済、回復、ダム撤去ができないか、そのための法的な闘いをどうすべきかが検討された。

特に、当該の住民たちの闘いとむすびつき、連帯しながら、加害の元凶である日本政府・企業の損害賠償責任を法的に追及する可能性をさぐった。お金を出した（融資した）のは日本政府だが、現地インドネシア共和国政府にすべて責任があるとの理屈を崩す必要があった。

そこで着目されたのがコトパンジャン・ダムにつけられた「融資三条件」であった。すなわち、第一に、事業対象地に生息するすべての象を保護区へ移転させること、第二に、事業により影響を受ける世帯の生活水準を移転以前と同等かそれ以上のものとすること、第三に、事業により影響を受ける世帯の移転合意は公正かつ平等な手段により取り付けられることという融資条件だ。この条件は、とかくＯＤＡが現地に被害をもたらしてきたという批判を意識して、日本政府自らが条件を付けなければならないところに追い込められていたことを示す。国際協力事業団を除く日本政府ら被告三者には、この三条件を守る法的責任があることを裁判で追及した。

裁判のなかで決定的なポイントとなったのは、三条件が守られていないのにダムに湛水（ダムに水を張って村々を水没させること）を開始しようとしたとき、日本政府（外務省）と国際協力銀行およびプロジェクト管理をしていた東電設計株式会社は三条件が履行されていないことを知っていたことだ。ここで止めれば、被害は防ぐことができた。明らかに違反を見過ごし、被害を発生・拡大させたのだ。

裁判所の判決はこれをどう見たか。融資三条件を守るよう指摘されたのに守らなかったのはインドネシア共和国政府の内政問題だというのだ。これは常識から外れている。公的金融機関が融資につけた条件を借り手が守らなかった場合、融資ストップ、貸しはがしまで行われるのが社会の実情だ。日本の司法は、政府のＯＤＡを擁護する政治判決を下し、免罪したのだった。

法廷の闘いは不当にも閉ざされたが、被害の事実を忘れてはならない。ＯＤＡの損害責任を決定的なところまで追いつめたコトパンジャン・ダム裁判の意義を、今後に生かさなければならない。

いま、日本のＯＤＡは、現地の民衆の抵抗にあいながらも、その姿を安全保障政策（軍事）と結びつく形に変えて肥大化しようとしている。防衛産業（軍事産業）や原発の輸出と結びついている。この結果、もたらされる被害は現地住民のみならず地球規模となるだろう。国境を超えたら日本の法の支配から逃れ、賠償責任が免罪されるという仕組みにはなりえないということの一端をコトパンジャン・ダム裁判は示した。

グローバルな資本の横暴に対し、市民の側からこれを民主的に規制していく方策が問われている。このあゆみをより強くしていく、その一つの試みと教訓を多く含んだコトパンジャン・ダム裁判の闘いであった。この取り組みを共有し、これを超えるさらなる国際連帯の取り組みに発展することを期待したい。

杳澤　大三（「インドネシア・コトパンジャン・ダム被害者住民を支援する会」副代表）

注1　日本政府やインドネシア共和国政府はコタパンジャン（Ｋｏｔａｐａｎｊａｎｇ）と表記するが、スマトラ島の住民や自治体、マスコミはコトパンジャン（Ｋｏｔｏｐａｎｊａｎｇ）と表記している。Ｋｏｔｏはミナンカバウ語、Ｋｏｔａはジャワ語であり、いずれも「町（まち）」を意味する。現地の言語と文化を尊重する立場から私たちはコトパンジャンを選んでいる。

目　次

ＯＤＡダムが沈めた村と森

第6章　コトパンジャン裁判に関わって　183

あとがき　212

資料

第1章　コトパンジャン・ダムと被害の実態

1　コトパンジャンはどんなところか

コトパンジャン・ダム建設に伴う移転対象地域は、インドネシア共和国スマトラ島中部にある西スマトラ州およびリアウ州の一〇カ村である。この地域は、母系社会として有名なミナンカバウ（Minang Kabau）社会といわれ、一つの民族集団であり文化圏を形成している。

ミナンカバウ社会の形成過程を見てみよう。新しい共同体を建設するためには、まずタラタック（最初に形成される居住地）が形成される。これは、森を切り開くために建てられた小屋とその周辺を指し、一時的なものではあるがミナンカバウにおける居住単位の最も小さいものである。ここでの居住者と小屋が増えると、ドゥスン（集落）となる。恒久的な家屋が建てられ、畑地のほかに水田も所有される。それが発展するとコト（三番目の定住地の単位、町〈まち〉）になり、ここでは行政や宗教活動の場所などが整備される。

さらに発展した居住単位の最終段階が、ナガリ（村落共同体）と呼ばれるものである。行政、宗教だけでなく、福祉、交通、娯楽などすべての面で整備されてはじめてナガリになる。このミナンカバウ社会独特の村落であるナガリは、「小さな共和国」と呼ばれ、ナガリを超える上級権力に従属することもなく、伝統的な政治組織を中心とした高度に自律的な共同体であった。

居住単位の発展に伴って形成されるのは、基本的には同じ血筋の共同体である。その共同体への参加は母方を通じて認知される。そして、この母系制に基づく慣習が存在する。この慣習には、連合体の規則的な側面と、生活の習わしを規定するものとしての実用的な側面がある。

これに基づいて、ママック（母方のおじ）が指導者として、クムナカン（自分たちの子孫・親族一同）に様々な役割を果たす。

最小の母系単位であるサパルイック（同じ腹、同じ子宮から生まれた人々の意）が隣近所でいくつか集まったサパユアン（一つの傘、母系集団の意）から、最大の母系単位である氏族に至るまで、それぞれの集団を率いる首長が存在する。氏族に関しては、取りまとめる範囲が広いため、首長には各補佐（宗教担当、執事、公安担当）が付く。居住単位の最終段階であるナガリは、氏族の連合体によって形成され、最高指導者によって率いられる。

ミナンカバウ社会において重要な役割を担っているのはママックである。ママックは自身の親族集団および氏族内の女性やクムナカンに対して責任を負う。子どもの養育は家庭内の父親よりもママックに責任がある。

ママックの中でも、親族集団や氏族の単位で指導者の役割を担うのがプンフル（儀式にのっとって任命された男性の長）である。住民たちはこうした指導者に対し、尊敬、畏怖の念を持っている。指導者を中心としてコミュニティの統率が保たれていたと考えられる。

イスラーム暦の元旦に氏族で集まり、旧年の反省と新年一年間の計画を立てるためのムシャワラ（協議）を行っていた。これは氏族の構成員がすべて顔を合わせる場であり、共同体の外に出ていた男性も帰郷して必ず出席していた。指導者たちの行いがクムナカンによって質されることもあれば、共有財産の利用について話し合われることもあった。このムシャワラは共同体の運営にとって重要な機会であったのである。

土地相続のシステムはミナンカバウ母系制の根幹とされる。土地はミナンカバウにとって重要な意味をもつ財産、彼らのアイデンティティそのものといっても過言ではない。土地に対する高い位置づけは、彼らの社会システムと価値観によって支えられている。

なぜなら、彼らには、もはやその起源が分からない程の遥か遠い昔から母系制で受け継いできた農地、家屋など不動産の世襲財産があるからだ。住民にとって土地は単なる居住地ではなく、「(受け継がれてきた)血の流れる地」であり、彼らの歴史がそこに根を張っており、彼らの先祖が埋葬されている土地なのである。

そのため、ミナンカバウにおいて人と土地との精神的つながりは非常に強い。また、共同財産が母系制にもとづき母から娘へと世襲されてきたことから、男性と比較して女性の方が土地に対する愛着をより強く持っている。女性には自分たちが土地を守り、子孫や社会をつくってきたという誇りがあった。

共同世襲財産の中でも、とりわけ共有地(タナ・ウラヤット)が共同体の構成員にもたらす恩恵やその意味は大きい。共有地は、まだ経済的基盤が脆弱な新世帯のために一部を利用させたり、墓地にしたり、共有地の範囲内で移動式農業を行ったり、というように利用される。共有地は、それぞれの集団を率いる指導者の監督下におかれ、個人的に売買の対象とすることが、一部の場合を除いて慣習法によって禁じられている。

土地所有には、家庭内の夫などが個人的に開墾や購入などにより取得した自己取得財産も存在する。

ここでも、近代的な個人財産のあり方とは根本的に異なっている。この財産は取得した者がその相続人を決めるが、数世代後に共同世襲財産として共同体へ還元される慣習となっている。

これらの財産について、その所有を証明する証書などは日々の生活を営むうえで、特に農村部では必要とされてこなかった。全ては当該のプンフルによって伝統的に認知・把握され続けてきたからである。

居住単位の発展に伴い同じ血筋の人たちが集まった共同体が形成される。隣近所は親族、氏族で構成され、その共同体としての紐帯は強かった。居住単位はつねに拡大家族が基本である。彼らは共有家屋（もしくはいくつかの家屋の複合体）に数世帯で同居している。しばしば彼らの家屋の形は伝統家屋の形をしていた。これは、ミナンカバウのシンボルとされる水牛の角をかたどった屋根を両端にもつ立派なつくりの高床式家屋（ルマ・ガダン）である。

また、このルマ・ガダンは集会所としての機能を果たすこともあり、母系単位でのムシャワラ（協議）などにも利用されていた。ルマ・ガダンにおいて話すことでプンフルの言葉には重みが感じられたという。

コトにはスラウというイスラームの礼拝所が氏族毎に設置され、ナガリにはモスクが設置される。男性は思春期になると家族と別れてスラウでの団体生活を送る。スラウで寝泊まりし、コーラン詠読を学び、お祈りをする。こうして心身ともにたくましい立派なミナンカバウの青年となった男性は、その後、武者修行としてムランタウに出ていく。

コトパンジャンのある日常風景（2006年４月）

ムランタウには二つの意味がある。まず、故郷を離れて行くということであり、ここから出稼ぎに行く意味が派生する。このムランタウで得た富をナガリや氏族などに還元することにより、コミュニティでの名声を得ることもあった。もうひとつは、ある状態から別の状態へと思考が変化する、すなわち精神的な修行という意味である。

さらに、この地域特有の河川と関連する重要な伝統的活動も多い。たとえば、赤ん坊が産まれた際の沐浴儀式がある。赤ん坊が産婆か子供を持つ占い師に抱かれ、川縁に連れて行かれて体を洗われる儀式である。

さらに、娯楽を伴う行事にナガリ内の氏族同士が競争しあう小船レースがある。一年に数回開催され、それぞれの小船が氏族を率いる首長の名においてレースに臨む。上位のチームにはナガリ内で集められた賞品や賞金が与えられる。

この活動はナガリの子どもたちに娯楽を与え、ナガリ内でのいくつかのプンフル間で競争があることを習慣づけ、勝利した友人を尊重し、また敗北を受け入れる心を育むという深い意味を持っている。この行事のためにお布施をし、この活動を共同で開催して相互扶助するという意味もある。

河川に関わる民話などについては、代々の指導者がクムナカンに語り継いできたといわれていた。それは村の歴史や遺産に関する事柄であり、次世代への教えとなるメッセージを含んでいたものであった。

このようにミナンカバウの生活・伝統・文化は土地と密接に結びついていた。その土地から強制的に追われることは、生活・伝統・文化を根こそぎ奪われることに他ならない。ダム建設が被害をもたらすことは明らかだった。

2　コトパンジャン裁判の背景

第二次大戦後、大規模な経済開発が世界各地で行われるようになった。

一九六〇年代には、植民地から独立した新興国において、「政治的安定」と「経済成長」を目標とする「開発主義」と呼ばれる形態の政治が登場した。同政治を担う政権は、工業化を経済政策の中心に据え、大規模で組織的な国家主導の経済政策を採用した。そして、これを賄うために積極的に外資導入が行われた。

この外資導入として、世界銀行（以下、世銀）や先進諸国による融資、援助が行われるようになった。この資金は、当時の途上国が自ら用意できる資金に比べて巨額であった。この融資の結果、途上国において、身の丈を超えた開発が可能となり、さまざまな鉱物資源、森林資源、水資源（ダム開発を含む）の開発を行うようになった。

開発が行われる土地には、そこに住む住民がおり、その人たちはしばしば先住民族であった。開発にあたってこれら住民は立ち退かされることになるが、その立ち退きはほとんどが強制されたものであった。強制立ち退きは、住民のそれまでの生活・生業を根こそぎ奪うものであるため、当然、こうした強制に反対する住民運動がおきることとなる。

世銀融資の案件をみると、一九七三年から七七年にかけて、フィリピン・ルソン島北部のコルディリエラ地方を流れるチコ河に四つのダムを建設するプロジェクトが進められた。同地域には、

コトパンジャン・ダム

先住民族が居住していたが、ダムにより、その居住地域は水没することになるため、住民たちは頑強に抵抗した。これにより、このプロジェクトは無期限延期されるに至った。

また、ブラジル西部でポロノロエステ・プロジェクトが世銀の融資を受けて計画された。これは先住民が居住する地域にハイウェイを建設し、農地開発を進めるものであった。これについて、一九八〇年、世銀の依頼を受けて「社会影響評価」を行った文化人類学者は、先住民に与える影響が大きいので計画を修正するよう勧告した。ところが、世銀はこの勧告を無視して融資を実行したため、当初の計画のまま実行されてしまう。勧告した文化人類学者がこのことを明らかにしたため、問題が世界的に知られることとなった。

日本が行う援助においても、一九八〇年代に同じような問題が表面化していた。インドネシアに対する案件では、一九八一年から一九八六年にかけてジャワ島に建設されたサグリン・ダムにおいて問題が生じている。このプロジェクトではダム建設を決めてから住民への説明がなされており、住民たちがプロジェクトの受け入れや立ち退きの準備に必要で十分な時間がとれなかった。その上、十分な補償も受けられなかった。このため、移転させられた住民たちは、それまでの肥沃な農地を失い、貧困に陥ってしまった。

一九八七年、一九八八年に援助が行われたジャワ島のクドゥン・オンボ・ダムでは、さらに問題が先鋭化した。水没する地域の住民たちは、このプロジェクトに反対して移転を拒んだ。インドネシア共和国政府は、住民たちが水没予定地にまだ居住しているにもかかわらず、湛水を開始してしまった。住民たちの土地は、強制的に奪われることになったのだ。

一九六六年から一九九八年まで独裁体制を敷いたスハルト政権のスローガンは「開発」であった。スハルト政権下の七つの内閣はすべて「開発内閣」と名付けられ、「開発」はインドネシアが国を挙げて推進する事業であり、「開発」を理由に出されれば誰も反対することができない、絶対的な正当性を持つ言葉になっていった。

この「開発独裁」と呼ばれる体制下にあっては、「開発」を前にして、国民の基本的人権が大幅に制限され、「開発」に異を唱える者に対しては、軍隊が派遣され、銃口を突きつけるという事態が頻発した。「開発」による巨大インフラの建設・整備などには広汎な土地収用がつきものであるが、そこに住む住民たちの意向は無視され、移転が強制されたのであった。スハルト政権下におけるダム建設の事例でいえば、サグリン・ダム、クドゥン・オンボ・ダムのプロジェクトが著名であるが、いずれも住民移転の強制性が問題となっている。

コトパンジャン・ダムプロジェクト（以下、本プロジェクト）もこのような「開発独裁」体制下に実施された。本プロジェクトを突きつけられた住民たちは、弾圧をおそれ、正面から反対の声を上げることができなかった。

当時のインドネシアでは「開発」に反対することは死をも意味することだった。本プロジェクトにおいても、最初の移転村となったプロウ・ガダン村の例が象徴的である。移転先であったコト・ラナ地区が整備されておらず、このため住民は移転を嫌がった。それに対し、インドネシア共和国政府は一三二大隊と呼ばれる軍隊を動員した。兵隊が発砲するなど恫喝して住民を強制的に移転させたのだ。

以上のように「開発主義」の政治において住民の人権はないがしろにされ、開発に伴う立ち退きは強制的で暴力さえ伴うものであった。こうした立ち退きのあり方が問題となり、一九八〇年代には世銀をはじめとして、住民の立ち退きを伴うプロジェクトの進め方についてガイドラインが整備され、移転させられる住民の人権・生活に対する配慮と補償が必要とされるに至る。日本の援助機関であった海外経済協力基金（ＯＥＣＦ）も、一九八九年、住民の立ち退きにあたり、住民の権利や生活再建に配慮することを定めたガイドラインを設定した。コトパンジャン・ダムの援助はこうした時代背景のもとに行われた。

3　コトパンジャン・ダムプロジェクト

本プロジェクトは、リアウ州における電力不足を解決するものとして、インドネシア国営電力公社（ＰＬＮ）によって計画されたものである。当初は、スマトラ島のリアウ州を流れるカンパール・カナン川の支流であるマハット川に小規模ダムを建設する計画であった。一九八二年のフィージビリティ・スタディ（実行可能性調査）を経て、カンパール・カナン川とマハット川の合流地点に建設することとなった。これにより一二四へクタールいう広大な地域が水没し、立ち退き対象となる住民が二万数千人（外務省などの調査）に及ぶこととなった。

本プロジェクトは、その後、一九八九年には詳細設計が完了した。当時、クドゥン・オンボ・ダムプロジェクトにおいて強制的な湛水が行われた直後であったため、その進行は社会的な注目

クドゥン・オンボ・ダムに沈む村（1990年8月10日）

を集めていた。

こうしたことから、一九九〇年十二月に締結された融資契約に次のような条件が付された。

「第一に、事業対象地に生息するすべての象を適切な保護区に移転するようにしなければならない。第二点、事業により影響を受ける世帯の生活水準は移転以前と同等かそれ以上のものが確保されなければならない。第三点は、事業により影響を受ける世帯の移転合意は公正かつ平等な手段を経て取り付けられなければならない」（ＯＥＣＦによる国会答弁より要約）とするものである。

日本およびインドネシアの新聞報道によると、「全世帯の移転同意の取り付け」「補償額合意」「象三〇頭の保護」の三条件とされるものだ。なお、朝日新聞は「適切な移転先の用意」も加え、四条件としている。

まず、本プロジェクトの内容を見てみよう。

［水力発電所について］

最大発電量：一一四メガワット（三八メガワット×三基）
最大排水量：三四八立方メートル／秒
年間発電量：五四二ギガワット／時
年間安定発電量：三九六・三ギガワット／時
二次的発電量：一四五・七ギガワット／時

［貯水池について］
貯水池容量：一五億四七〇〇万立方メートル
有効貯水量：一〇億四〇〇〇万立方メートル
最高水位：八五・〇メートル、通常水位八〇・六メートル、最低水位：七三・五メートル
年間平均流入量：一八四・四立方メートル／秒
ダム形式：コンクリート重力式（高さ五八メートル、堤頂長の長さ二五七・五メートル）
有効落差：三八・一メートル
湛水面積：一二四平方キロメートル

［スケジュール（契約時）について］
一九九一年工事開始
一九九七年三月湛水開始
一九九八年二月～十一月発電開始
一九九九年九月完工

本プロジェクトが策定された当時、世界銀行あるいはＯＥＣＦ自身が強制立ち退き（非自発的移住）についてガイドラインを設けていた。本プロジェクトの融資契約に付された前述の三条件はこれらのガイドラインに基づくものである。

このように援助にあたり、移転させられる住民の利益を考慮した条件が付されることは、日本の援助の歴史上初めてのことであった。しかしながら、この条件が誠実に履行されることはなく、骨抜きにされ、それにより深刻な被害が生じたのである。この被害について本プロジェクトの策定を行ったコンサルタント会社（東電設計株式会社）、実行可能性調査を実施した国際協力事業団（当時、ＪＩＣＡ。現国際協力機構）、融資に関与した国際協力銀行（ＪＢＩＣ、その前身はＯＥＣＦなど）、日本政府が責任を負うべきであるとして被害者住民が裁判を起こしたのである。

4　住民移転の実相

一九九二年八月、最初の住民移転となるプロウ・ガダン村のコト・ラナ移住地への移転が行われた。

この住民移転にあたり、インドネシア共和国政府は軍隊を動員した。軍に監視された状況下で行われた強制移転であったのだ。派遣されたのは、バンキナン駐留の国軍第一三二大隊の兵士であった。軍隊は、住民に対して旧村から早急に立ち去り、新村に移転するよう強要した。その目的のために、軍隊は発砲までして住民を威嚇したのである。

この移転プロセスについて、ＪＢＩＣが行った援助効果促進調査中間報告（以下、本件ＳＡＰＳ）に生々しく描かれている。

「移転時の状況は厳しいものであった。移転には、二日を要した。ある住民が語ったところによれば、彼は、自分の家を探し、決める際に、本当に土地がそこにあることを確かめるために、藪に向けて石を投げてみなければならなかった」という。

「移転から一週間は、彼等には軍隊が随行し、兵士が時々発砲した。そのため、住民は、非常事態（ＳＯＢ）であるかのように感じた。各世帯には、それぞれの家財を移転する機会が一回に限り政府により与えられたが、残りの家財については、自らの責任で移転しなければならなかった。通常、各々の世帯はその後二～三度にわたって、それぞれの家財を運び出さねばならなかった」

通常の移転とはとても思えない事態が生じていた。では、移転先に着いた後の状態はどうだったのか。

「移転時においてまず最初に行わなければならなかったのは、住居周辺の下草を取り除くことであった。電灯が用意されていなかったために、村全体が真っ暗であった。住民達が電灯を利用できたのは、移転から三日後であった」

「住民達が新村に移り住んでから七日後に、幾人かの住民は、自ら原野を切り開いて、ゴムの苗木を植え付けた。この植え付けにかかる費用には、彼等の貯蓄ないしは受け取った補償金の一部が充てられた。彼等は、種苗や化学肥料を購入し、彼らに割り当てられた土地に植林した」

移転先に準備された家（ポンカイ・バル村、2008年12月）

下草の刈り取りから始めなければならず、電灯もないのだから、利用できる状態に置かれなければならないとされた条件（六二ページ参照）は有名無実であった。移転先での生活を支えるゴムはどうだったのか。

「ゴム園では、住民たちが新しい土地に移転した際に、彼等は、契約業者によりゴムの若木が植え付けられていたのは一部の土地のみであることに気が付いた。ゴムの木の多くは道路脇に置かれ、またその他の幾分かは、沼地に束ねられていた」

たしかに政府からゴムの種苗は配布されたのだが、「その多くは枯死してしまった。植林資金もまた、定期的に投入された。このような資金が無責任な契約業者に与えられる代わりに、住民に直接供与され、住民自身が樹木管理に携わることができていたのであれば、このような問題は発生しなかった」というのが実態だった。

住居も、「移転前に政府が約束した内容と異なり、MCK（水浴び、洗濯、トイレのこと＝引用者）はなく、台所と浴室は住居から離れたところにあった。半永久的住居を提供することも約束されていたが、実際の住居は設計と異なるもの」だった。

水の確保も困難な状況であり、「プロジェクト契約業者によって掘られた井戸は、一九九二年初頭以来、使用不能の状態である。各々の井戸は、四世帯に給水することが予定されていた。これらの井戸は、以下のような状態で掘られた。①深さはわずか二メートルである。②設置場所が不規則である。③第Ⅰ村と第Ⅱ村の水の色の具合から、飲用／消費用としては安全ではない。④第Ⅲ村と第Ⅳ村は、丘陵地帯に位置しているため、二メートルの深さでは水が得られない。⑤井戸までの距離が遠すぎる（一五〇メートル以上）」という始末だ。

移転住民は当初は米、食料油、灯油等の生活必需品が支給されていたので、何とか生活を維持できていたのだが、これの支給期限（一年）が切れたときにはたちまち生活に困る状況に放置されたのである。

5　ダム本体工事の開始

ダム本体建設工事契約締結にあたり、海外経済協力基金（ＯＥＣＦ）の同意が必要とされていた

礼拝所跡（タンジュン村、2003年8月）

ところ、この同意するに当たっては次のような条件が付されていた。

＊野生生物のための適切な保護／モニタリング計画が作成され、ＯＥＣＦに対して提出されなければならない。

＊再定住問題が、良好に解決されなければならない。

このように、ＯＥＣＦは、野生生物のための適切な保護／モニタリング計画、および移転問題が解決しているかどうかを確認しなければならなかった。これに当たる調査団が日本政府から派遣された。

この調査団は、最初の住民移転地であるプロウ・ガダン村（コト・ラナ地区）を視察した。同村の状況は既述の通りであったが、同調査団は、新プロウ・ガダン村のゴム園の状況について、「プランテーションについても、ゴムの植樹が進んでおり、十月中にはプランテーション・ロットの抽選を行う予定」と報告しており、現地の状況を全く把握できていなかった。

また、同調査団は、住民移転の手続について、「強制的な方法は用いていないこと」を確認したと報告しており、軍の監視下で移転作業が行われた事実を全く把握できていない。JBICの本件SAPSでさえ強制された移転とその後の悲惨さを書いているのに、いったい、どんな調査をしたのだろうか。

同調査団は、このような杜撰な調査に終始し、「移転が計画に従い順調に進められている」と報告した。そして、この報告を踏まえて本体工事契約に対する同意が行われ、融資が実行され、本体工事が始まった。

なお、この同意に当たって、OECFは、次のような条件を付した。しかしながら、このような条件を付さなければならない状況であれば、そもそも融資を実行すべきはなかったのである。

(a) 要請事項

＊再定住と補償の手続は、予定された日程表に基づいて講じられなければならない。

＊住民の要求に対しては、誠意ある考慮が払われなければならない。

＊再定住と補償の進捗状況は、遅滞なく報告されなければならない。

＊地質学的または考古学的な関心のある化石、貨幣、有価物または骨董品、建造物、その他の遺跡または遺物のいずれかを発見した場合には、遅滞なく知らせること。

(b) 確認事項

ルマ・ガダン跡（タンジュン村、2006年４月）

＊土木工事と備品調達のための今後の契約に対するＯＥＣＦの同意は、再定住と補償の状態を斟酌した後に決定されるものとする。
＊再定住と補償の手続の過程において深刻な問題が発生する場合には、本プロジェクトのための支出は、当該問題が解決されるまで先送りすることができる。このことは、ＯＥＣＦによってすでに同意されている契約の下での支出であっても同じである。

現実には、この条件も無視されてしまい、ダム本体工事および住民移転が進められたのだ。

6　ダム工事の進行

ダムの建設は、一九九二年十月にダム

本体建設工事が着工された後、一九九三年九月には発電タービン設置工事が開始された。そして、一九九四年三月からコンクリート打設工事が始まり、同年四月二十八日には定礎式が開催され、変電所・送電線の建設設置工事が開始された。

その後、一九九六年二月には、コトパンジャン・ダムおよび発電所のコンクリート打設を完了し、同月末には、コトパンジャン・ダムの建設工事が完了した。その後、一九九七年六月に送電線設置工事が終了し、同年八月に変電所設備設置工事が、同年十月には変電所建設工事が完了した。発電タービン設置工事は、最終的に一九九八年十一月までかかった。

こうしたダム建設の進捗の各段階において、契約締結にあたり履行されるべき確認事項が付されていた。

まず一九九三年八月の発電機契約にあたって、左記の確認事項が考慮に入れられるべきことが述べられていた。

(a) 再定住地の造成、補償の支払い、および旧村からの住民の移転については、住民の要求を考慮に入れて、計画的な日程表に従って必要な措置が講じられるべきである。とりわけバトゥ・ブルスラット村については、補償の支払いの目標日が本年九月に迫っているにもかかわらず、当該村の住民に対しては未だに補償金が支払われてきていないという事実に鑑みて、緊急で適切な措置が講じられるべきである。

(b) 住民が補償金を受け取った後の早い時期に再定住地に移転することができるように、可能な限り早期に再定住地の造成が行われるべきである。

濁った井戸水（タンジュン・バリット村、2006年４月）

次に一九九三年十二月の発電タービン契約にあたって、次の確認事項が考慮に入れられるべきことが述べられていた。

(a)　現在、ポンカイ村とコト・トゥオ村の二カ村においては、貯水池の対象地域の補償金の支払いが完了していない状態である。これらの二カ村では、実際の補償金の支払いは、当初の計画表よりも遅れている。補償金の支払いがこれ以上に遅延する場合には、ＯＥＣＦとしては、残余のロットのための契約に同意することは難しいであろう。それ故、一方において、住民の要求に考慮を払いつつ、他方において、現行の日程表に従って貯水池の対象地域のための補償金の支払いを行うとともに、これ以上に日程表を遅らせないための適切な措置が講じられるよう求められるところである。

(b)　再定住地の造成と旧村からの移転については、住民移転が円滑に完了することが望まれる。それ故、再定住地の造成が可能な限り早期に行われ、また現行日程表を遅延させないための適切な措置が講じられるべきである。

さらに一九九四年三月の関連送電線契約にあたり、次の確認事項が考慮に入れられるべきことが述べられていた。

(a)　現在、貯水池の対象地域のための補償金の支払いが完了していないのは、バトゥ・ブルスラット村においてのみである。この村の補償スケジュールは、当初スケジュールよりも遅れている。それ故、一方において、住民の要求に考慮を払いつつ、他方において、現行スケジュールに従って貯水池の対象地域のための補償金の支払いを確実に完了するよう求められるところである。

(b)　再定住地の造成と旧村からの移転が完了していない村々については、再定住地の造成が可能な限り早期に行われ、また現行日程表を遅延させないための適切な措置が講じられるべきである。

(c)　これらは、本プロジェクトのすべての契約のうちでも最終の同意となるので、ＯＥＣＦとしては、再定住の進捗状況を継続的にモニターする意向である。ＯＥＣＦに遅延理由を知らせることなく、いずれかの再定住が大幅に遅延する場合には、当該問題が解決されるまでは支出が延期されることもあり得る。それ故、今後の再定住の進捗状況に関して、ＯＥＣＦに対して報告を行うよう求められるところである。

こうしたＯＥＣＦの承認にあたり付された確認事項を踏まえると、ＯＥＣＦは、再定住地の造成および補償金支払いの遅れ等の問題が現地において発生していることを把握していた。そして、インドネシア側に対して改善を求めていた。

しかし、ＯＥＣＦは、問題の改善が進まない事態を前にして同じ指摘を繰り返すにとどまり、借款契約上の権限を適切に行使するなどの措置をとらず、一九九二年十月にダム本体工事が開始してから一九九六年までの約四年間、問題状況が改善しない事態を放置した。

7　ＯＥＣＦの委託による住民調査

住民移転が完了した一九九六年には、ＯＥＣＦの委託で本プロジェクトによる住民移転の状況に関する調査が実施された。これらは次のような状況を明らかにしている。

ア　土地収用及び住民移転の手続きについて

この点について、アジア経済研究所の米倉は、基金（ＯＥＣＦ）の依頼を受け、平成八年（一九九六年）七月頃、本件プロジェクトにおける土地収用及び住民移転に関する調査を行い、同年十月頃、「同調査」をまとめた。そこでは「本プロジェクトの実施された地域が、伝統的な慣習法が支配し、ミナンカバウ社会という特殊な母系制度に基づく社会であり、居住形態、土地所有制度、社会における意志決定方式などにおいて、近代的な社会との違いがあることを指摘した上で」、ＯＥＣＦにおいて、「対象社会の実態を正確に把握し得るだけの組織的、制度的な背景が十分でなかった」としている（東京地裁判決より）。

同調査報告が指摘している具体的な問題点は次の通りである。

まず、インドネシア共和国政府の土地等の財産調査について、「一カ村ほぼ六チームが三〜四カ月ほぼ住み込みで調査を行ったということであったが、この程度の調査のマンパワーで果たして全域について充分な調査が成し得たかどうかは疑問なしというわけにはいかない。実際、今日までに数々のクレームが住民からつけられることになった」としている。そして「留意すべき点は、このようにクレームを政府につけられるような交渉力が、貧しい人々も含めた住民全員に平等の機会としてあったか」と指摘している。

移転先のゴム園についても、「インタヴューできたほとんどの村で生産可能になると思われる木は一〇%〜一五%程度との返答だった」ことから、「この水準の一致は何か符丁のような印象を与える。オイルパームへの転換を図るために、実際のところ一〇〜一五%しかゴムを植えなかったのではあるまいかとさえ疑われる」と書いている。

さらに、住民移転について、「プロウガダン村の例でいえば、経験のない移転計画の策定にわずか一カ月の時間で対応させることにはそもそも無理があったと言わざるを得ない。住民の自主的な調整は、実質合理的に問題を処理しようとするものであって、限りなく多くの時間と労力が必要だったはずである」と批判している。

そして、住民移転に関する意思決定の方法について、「ムシャワラ（musyawalah）の方法について簡単にみておこう。（中略）村全体としての集合的な意志決定は投票によるものではなく、全員の参加（法的権利のある）による議論を重ね、疑問、反対意見、異議が出なくなるまで幾度となく繰り返し行われる。このことで全員が内容を理解し賛成とみなされるところまで議論が行われ、全員の合意と認められるところで全員一致の合意形成ムファカット（mufakat）として承認されるのである」として、ミナンカバウ社会の意志決定方法を解説している。

しかしながら、補償単価を決定した一九九一年四月の住民代表およびインドネシア共和国政府によるムシャワラでは、「二段階のムシャワラが開催されたことになるが、それぞれの段階で代表者が各々の村に持ち帰って修正事項について再討議してはいない。他方、一定の範囲内で代表者の判断で妥協案に賛成する権限を与えられた委任代表としての資格が明確にされていたわけでもないようである。合意内容に変更があれば全員による再討議が原則であろう。このことが村によってあるいは人によって、村の住民の合意を得ていないとして、後々問題の種になった」として手続き上の瑕疵があったことを指摘している。

移転同意の手続きについて、「移転に関して移転同意書のフォームに反対の選択肢がないとの鷲見氏（当時、横浜市立大学）らの指摘に対して、『移転に反対であればサインする必要がない。また住民は移転自体に反対しているわけではないと承知』などとあるが、このような回答の仕方には以上のような社会の実態についての理解が感じられない」と指摘するだけでなく、「集団としての意志決定が問われた時にどのような手続きを経なければならないのかという点について、インドネシアにおける援助の対象者・対象地域の固有性についての配慮と認識が日本側には見られなかった」と日本側の根本的な問題を指摘している。

最後に、米倉調査は、「移転に同意するか否かに関わらず、各村がこぞってダム建設に反対するでもない限り、土地は収用されたであろう。一九八〇年代のフィージビリティ・スタディなど様々な調査が行われていた時に、各村がこぞって明確な反対意志を示さなかったことによってダム建設と一〇カ村の水没はすでに決定されたのであり、移転も拒否され得ないことになった」と指摘している。

調査報告書は、「収用のためのインベントリー（財産目録）の調査は、最も早かったプロウ・ガダン村でも移転合意書提出から一年後の一九九一年十二月から九二年一月に実施された。他の村では一年九カ月後であった。インベントリーの調査の受諾での最大の論点は単価をめぐるもので、移転そのものの賛否には影響しないことになった。移転に関してのみ同意の確認を早々と行って、住民たちが単価条件が良ければ移転に賛成するがそうでなければ反対という、条件闘争に入る手段が予め巧妙に封じられた」とも指摘しており、移転同意、補償同意過程で住民の意志が反映されなかった構造的問題を明らかにしている。

イ　社会的・経済的影響の調査

前項の調査に加え、ＯＥＣＦは、アンダラス大学（本プロジェクトによる住民移転が実施される西スマトラ州州都であるパダンにある州立大学）に本プロジェクトの「社会的・経済的な影響の調査」を

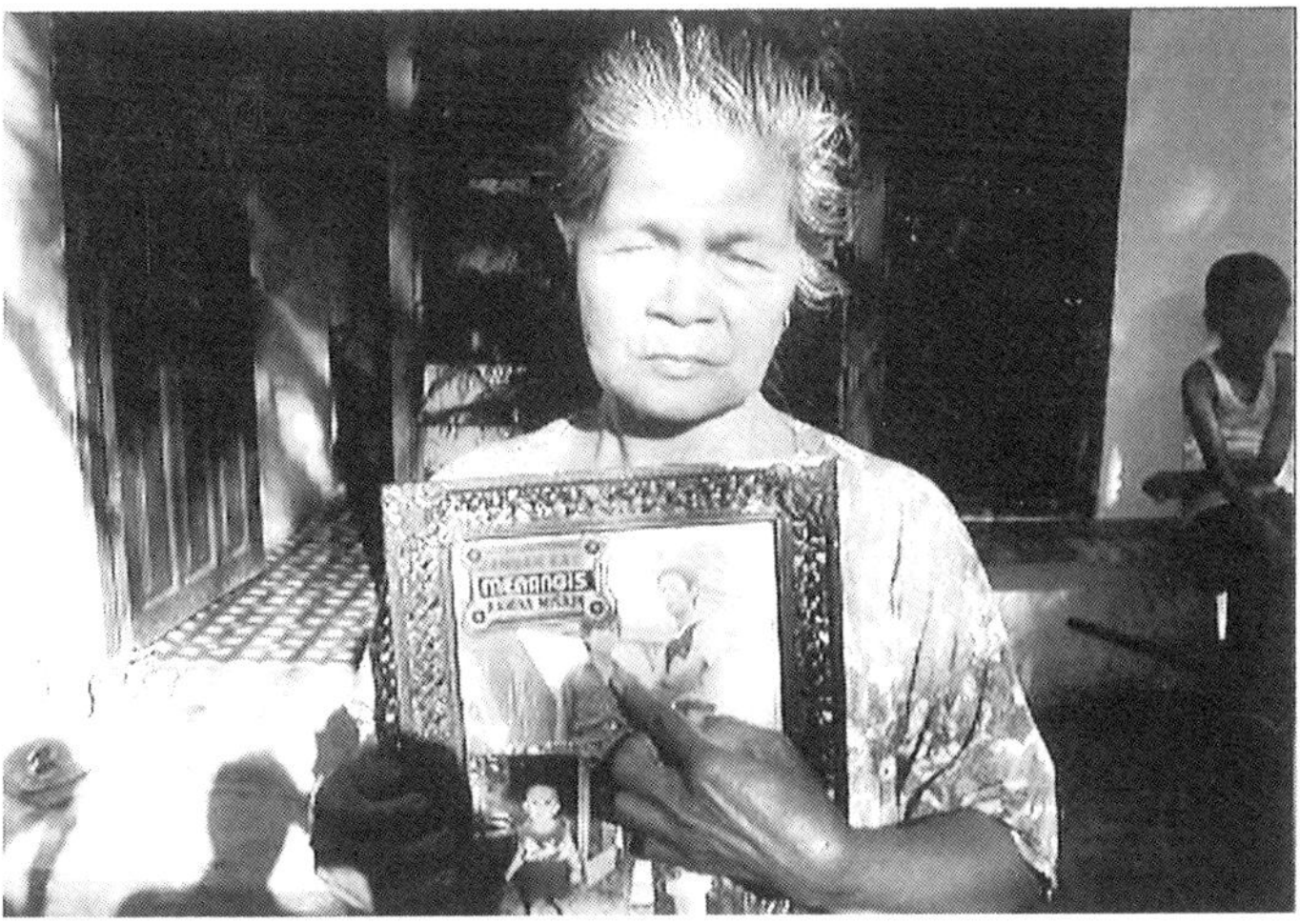

移転を苦に自死した弟の遺影を持つ原告（コト・トゥオ村、2006年2月）

委託した。アンダラス大学は、リアウ州側の再定住先「一〇カ村の住民から各村ごとに五〇世帯ずつをサンプル抽出し、同年（一九九六年）七月十四日から同年二十五日にかけて、合計五〇〇世帯にインタビュー方式によるフィールド調査を実施し」、その結果をまとめた（東京地裁判決より）。

同調査報告は、次のような事実を指摘していた。

まず、同報告は、移転した村におけるゴムの生産は、住民たちの生計を維持することができる状況に至っていないことを指摘している。「そこには、ゴムの木がまだゴムを生産できるまで成長していないということに加えて、ゴム園自体が住民たちにとって確かなものになっていないという問題がある。ゴム園は未だ完全に住民たちに引き渡されていない」というのだ。

そして、たしかに「ゴムに対する依存度は減少しているが、未だに主要な生計手段となっている。現時点では約四分の一の住民たちがゴムに依存している。このことは直ちに問題となるであろう」と問題視する。「なぜならば、発電所が運転を開始したときには、かつての村にあるゴムを生産しているゴムの木は失われてしまうからである。ゴムに依存して生活をしている住民たちは深刻な影響を受けるだろう。彼らの収入源が突然断ち切られるからである」と問題となる理由を明らかにしている。

また、同報告は、「現時点において、政府から供与されている生活扶助で生計を立てている住民がいる。彼らの生活を支えている生活扶助はまもなく終了してしまう。また、生計を支えるために残された補償金を使っている住民もいる。これらの住民たちは、今後やってくる生計活動の変化に対し準備ができているとは思えない」と問題が深刻化することに言及している。

指摘は続く。

「世帯調査によれば、三〇％が生活水準が改善したと回答しているのみであり、大多数はプロジェクトによって生活水準が低下したと感じている。また大多数の回答者が移転プロセスに関与した政府役人に対して肯定的にとらえていない」とし、「その主要な理由は、政府が住民たちに対して約束した事項を守っていないことである。ゴム園の状況がはっきりしていないことが約束不履行の一つの例である」と問題の主因を明らかにする。そして、「全ての世帯は、現在までゴム園を自分たちのものとして管理できるはずであった。この調査では、住民たちが移転を受け入れる際に政府によって約束された全ての内容を確認することが不可欠である。もし、その約束が有効で合法であれば、直ちにそれが履行されるようにしなければならない」とまとめている。

8 湛水の実行

一九九七年一月三日、日本政府およびＯＥＣＦとインドネシア共和国政府・ＰＬＮ（インドネシア共和国国有電力公社）との間で「全体調整会合」が開催された。ここでは、本プロジェクトでは住民に対する補償問題および生活保障問題が未解決であり、特に生活保障に関しては、移転住民の多くが未だに水没予定地のゴム園からの収入を頼りにしている状況であることが報告された。

しかしながら、インドネシア共和国政府は、一九九七年三月に突如、湛水を開始してしまった。日本政府およびＯＥＣＦの抗議によって一旦停止されたが、一九九七年四月、インドネシア側は湛水を再開した。

借款契約に定められた履行特約には、ダム湛水開始の際に「ダムの湛水開始前までに、補償金の支払い、移転先整備、住民移転が完了していること」という条件が明記されていた。インドネシア側が湛水を再開した当時、これらの条件が満たされていなかったことは、前述の二つの調査結果により明らかであった。インドネシア側の湛水再開は、明らかに右特約に違反するものであった。

日本政府およびOECFには、この特約をインドネシア側に遵守させる借款契約上の権限があった。インドネシア側が特約を守らない場合には、この権限を適切に行使し、本プロジェクトの重要な要素であった住民移転の成功および自然環境保護を実現することが求められていた。

ところが、OECFは右違反に対し、貸し出しの停止等の借款契約上の権限を行使せず、その権限を行使する旨の通告をすることもしなかった。それどころか、インドネシア側からなされた支払請求に応じて融資を継続し、湛水再開後において約四〇億円（本プロジェクトにおける実行額の約一八パーセント）の融資を行っている。

また、一九九七年七月に東京で開催されたインドネシア支援国会合において日本政府は約二一〇〇億円の資金拠出を表明するなど、債務不履行に対して何らの措置もとっていない。これらの事実から、日本政府およびOECFが湛水再開を容認し、これに事実上同意したことがわかる。

移転させられた住民たちは、軍隊による強制移転によって基本的人権が侵害された上、約束された補償が履行されず、移転先における生計手段も全くないまま放置され、生活基盤そのものを破壊されてしまい、深刻な被害を被ったのである。

（浅野史生＋奥村秀二・弁護団）

第２章　裁判では何が問われたのか

1　コトパンジャン裁判の経緯

コトパンジャン裁判は、二〇〇二年九月五日の第一次提訴（東京地方裁判所）に始まる。二〇〇三年三月二十八日には、第二次提訴（同地裁）が行われる。原告は、本プロジェクトにより移住を強いられた人たちである。

第一次提訴には住民三八六一名が原告となり、第二次提訴では住民四五三五名のほかインドネシアの環境保護団体であるインドネシア環境フォーラム（WALHI）も原告に加わった。被告は、第一次提訴、第二次提訴いずれも、本プロジェクトを推進した日本政府、国際協力銀行（当時、JBIC）、国際協力事業団（当時、JICA）および東電設計株式会社である。

原告住民らが求めた請求内容は、本プロジェクトにより移転を強制されたために被った損害として一人当たり五〇〇万円の慰謝料である。各原告の損害費目を個別に設定して金銭評価していくという方法よりも、一括して慰謝料として請求することになった。

第二次提訴で原告に加わったWALHIは、本プロジェクトの建設に伴う自然生態系の破壊を阻止し、破壊された自然生態系を回復する事務のために支出した費用相当額四億三六二四万六三一四ルピア（当時の日本円で五五八万九八四四円）の支払いを求めた。

東京地裁における第一審は二〇〇三年七月三日の第一回口頭弁論から審理が始まり、以降、二〇〇八年九月十一日の最終準備書面の陳述まで二十五回の口頭弁論が行われた。第一審では原告

第１次提訴後の報告集会（東京、2002年９月５日）

側は、訴状のほか四三本の準備書面を提出した。また、文書提出命令申立てにより東電設計から完成報告書等の文書の開示を得ることに成功した。

第十八回口頭弁論では鷲見一夫元新潟大学法学部教授（コトパンジャン・ダム被害者住民を支援する会代表）の証人尋問、第十九回から第二十三回までの口頭弁論では合計六名の原告住民の尋問のほか、アンダラス大学のグスティ・アスナン教授の証人尋問が行われた。

鷲見教授はこれまでのフィールドワークに基づいて本プロジェクトの問題全般を論じ、ミナンカバウ社会・文化を研究するグスティ・アスナン教授は住民らが属するミナンカバウ族の特性や文化などを論じた。アスナン教授は、本プロジェクトによってミナンカバウ族としてのアイデンティティが破壊されたことを明らかにしたのである。

そして、原告住民の尋問により、移転強制の経過や移転先での劣悪な住環境、コトパンジャン・ダムそのものは住民らにとっては何らの利益をもたらすものではないこと、今後の生活の展望が何ら見出せないことなどが明らかとなった。こうした審理を踏まえて二〇〇九年九月十日、東京地裁は判決を言い渡したが、それは「移住及び保障の問題は、借入国政府の内政問題」との理由により住民らの請求を全て退けるという内容であった。

住民らは、早速、東京高等裁判所に控訴を申し立て、東京地裁判決を全面的に批判する四七七ページにもおよぶ控訴理由書を提出した。控訴審における審理は二回の口頭弁論であった。

二〇一二年六月二十二日に行われた第二回口頭弁論では移転させられた住民であり、コトパンジャン・ダム被害者住民闘争協議会の事務局長である、イスワディ氏の尋問が行われた。西スマトラ州の旧タンジュン・パウ村出身であるイスワディ氏は、移転前と比較すると移転後の住民の生活状況は極度に劣悪な状況にあることを明らかにした。

また、控訴審での新証拠として、移転先で用意された家屋がアスベストを利用した劣悪なものであることを明らかにする分析結果報告書、村井吉敬・早稲田大学アジア研究機構教授の意見書、松野明久・大阪大学教授の意見書、大木昌・明治学院大学国際学部教授の意見書、古川久雄・京都大学名誉教授のフィールドノート、さらにジャーナリストである諏訪勝氏が撮影したビデオ映像などを提出した。

村井意見書は、既に住民移転が開始されていた一九九三年八月当時のコトパンジャン地域の状

鷲見教授とアスナン教授（2005年10月）

況、スハルト独裁体制下における大規模開発や本プロジェクトの問題性などを明らかにした。

松野意見書では、日本政府から資金援助を受ける外国政府が援助対象となった事業を推進するために人権侵害を行った場合、日本政府もその責任を問われるべきことなどが論じられた。

大木意見書は、歴史的観点から、コトパンジャン地域が森林作物、商品作物、河川交易により経済的に豊かであったことを実証した。古川教授は、一九八一年と一九八四年にコトパンジャン地域などをフィールド調査しており（一九八四年の調査には大木教授も同道）、フィールドノートにはそのときの様子が詳細に記されていた。

このフィールドノートには大木教授が撮影した写真も多数添付されており、同地域が経済的に豊かな状況であったことを窺い知ることができる。そして、諏訪氏のビデオ映像は移転前の西スマトラ州コト・トゥオ村の状況を撮影したものであり、ミナンカバウ文化のもとゴム採取を生業とする豊かな生活状況が映し出されている。

しかし、東京高裁も、二〇一二年十二月二十六日、イスワディ氏の陳述やこれら新証拠を無視し、住民らの請求を退ける判決を言い渡した。

東京高裁判決を受け入れられない住民らは、二〇一三年一月七日、最高裁判所に対して上告提起、上告受理申立てを行った。最高裁もまた二〇一五年三月四日、書面審理のみで上告棄却、上告審として受理しない旨の不当な決定を下した。

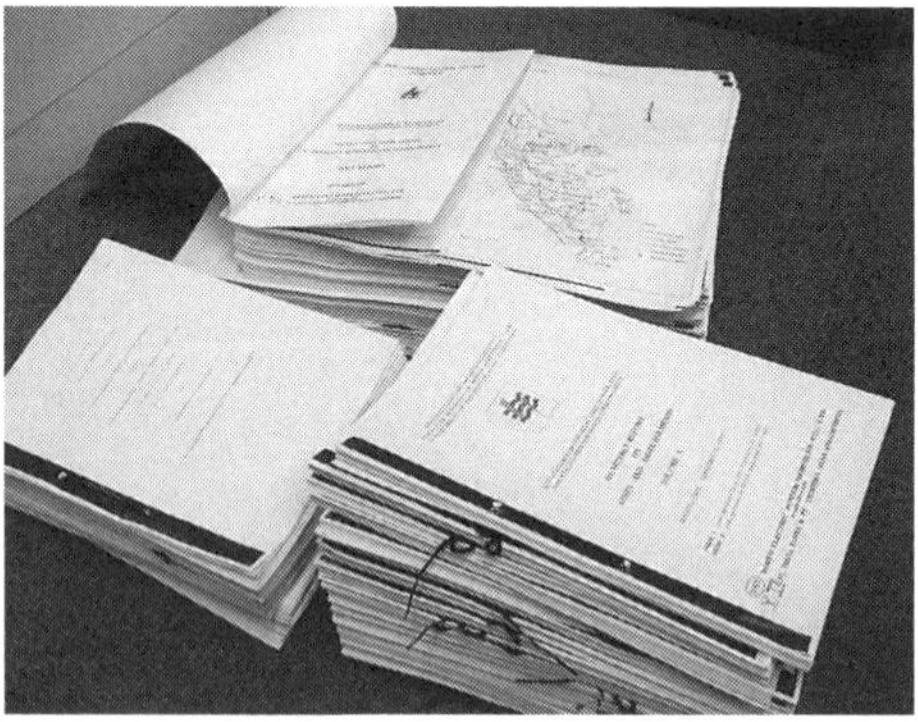

提出された東電設計文書

なお、裁判の経過のなかでは、三条件が設定された融資契約およびこれに関連する資料などを被告らから開示させることも重要な課題となった。そのための手続きとして、日本政府、JBIC、東電設計に対する文書提出命令を申し立てた。

日本政府には、インドネシア共和国政府との交渉過程で三条件が設定されたことを確認した「討議の記録」の提出を、JBICには借款契約を、東電設計には、コンサルタント契約に関連して作成された受注契約書、詳細設計書、進捗状況報告書、事業完成報告書の提出をそれぞれ求めた。

これについて、日本政府とＪＢＩＣからは業務上の秘密に該当し、提出できないという反論がなされた。東電設計からは、提出要求された各文書について守秘義務が課されていることに加え、技術・職業上の秘密に該当するとして争ってきた。

東京地裁は、「討議の記録」および借款契約にインドネシア共和国政府との交渉の経緯や、同政府の信用力、事業実施能力に関する事項が含まれており、日本とインドネシアとの信頼関係が損なわれるおそれがあるとして、これらの提出申立は却下した。

しかし、東電設計に対する申立については、詳細設計書が技術的な内容を記載したものであるから裁判の争点との関係はないとしたが、工事監理に関する受注契約書、進捗状況報告書、事業完成報告書については、技術・職業上の秘密にあたらず提出義務がある、と東電設計に対してその提出を命じた。この東京地裁の決定は、東京高裁、最高裁において維持され、東電設計からそれらの書類が提出された。

以上、裁判闘争の経過を概観したが、運動の展開や現地の状況も含む経過の詳細については巻末の「コトパンジャン裁判関連年表」を参照されたい。

2　住民たちが提起した争点

本プロジェクトとは、リアウ州における電力需要に対応するために、カンパール・カナン川の中流域にダムを建設し、水力発電を行うという事業である。

本プロジェクトは、スハルト独裁政権下であった一九七九年九月と十一月に東電設計が行ったプロジェクト・ファイディング（案件探し）に始まり、日本政府・インドネシア共和国政府間の第一次交換公文・一二五億円の円借款契約の締結（一九九〇年十二月）、第二次交換公文・一七五億二五〇〇万円の円借款契約の締結（一九九一年九月）、一九九二年八月から住民移転の開始、同年十月建設工事着工、一九九七年二月建設工事完了、同年三月～四月湛水開始という経過を辿った。

この経過の中で、多数の住民が移転させられたが、その正確な数字は不明であり、JICA作成のフィージビリティ・スタディ（プロジェクトの可能性、妥当性、投資効果についての調査）報告書によると、水没家屋は二六四四戸、家族数は二九九〇世帯、影響を受ける人口数は一万三九〇七人であるが、インドネシアでの報道によると立ち退き住民数は二万三〇〇〇人となっている。さらに、外務省の発表によると立ち退き住民数は二万二〇〇〇人とされているほか、別の報告では二万二〇七四人とされている。

いずれにせよ大規模な住民移転が行われたのであるが、住民は生来の居住地を移転することは決して望んでおらず、移転に異を唱える住民には銃をつきつけながら、強制的な住民移転が行われたのであった。

コト・ムスジット村在住のマルリス氏は、「住民移転は、一九九二年八月三十一日に実施されました。その際には軍隊がやってきました。（中略）兵隊たちは、『いつ移るんだ、いつ移るんだ』と私たちにしつこく言い寄り、圧力をかけてきました。このように兵隊たちが存在したことにとても恐怖を感じました。（中略）私は、移転者のうちでは、最後に移転しました。補償金が支払わ

説明に聞き入る住民。（ポンカイ・バル村、2002年３月）

れていなかったので、せめてもの抗議の意思を示したかったからです。もし移転を断固として断っていれば、今は生きていないでしょう」と移転当事の状況を語っている。

しかし、一九九八年のスハルト政権崩壊後、民主化の流れの中で、本プロジェクトにより移転を強制された住民たちも、立ち上がるようになったのである。裁判闘争はそのような流れのなかで捉えることができる。住民たちは「開発」を強制するインドネシア共和国政府はもとよりのこと、それを資金的あるいは技術的に支える供与側の責任をも追及すべきであるとの結論に達し、裁判に決起したのである。

住民たちが提起する問題は、何よりも「開発独裁」を支えた日本政府とその実施機関やコンサルタント会社の責任を日本の裁判所に突き付けたことにある。

3　明らかになった事実経緯と国・JBICらの責任

本プロジェクトについては、文書提出命令によって提出された資料に加え、各種資料が明らかになっており、その経緯をたどることができる。

(1)　詳細設計について

一九八七年の詳細設計調査協定では、東電設計がエンジニアリングサービスを行う責任企業と定められた。この詳細設計の一環として環境管理計画（RKL）と環境モニタリング計画（RPL）が作成された。

詳細設計報告書の序言では、「（本プロジェクトにより）期待される利益以外に、このプロジェクトは、いくつかの環境に対するリスク、とくに環境の変化をもたらすことになる」とされ、「コトパンジャン水力発電所計画で発生する悪影響を乗り越えるとともに、良い影響を最大限にする方策を明らかにする」と書かれている。

その報告書の本文は、「社会経済的構成への影響の発生は、住民の所有財産が失われた結果や、新規の代替地に居住することの結果として表面化する」と捉えたうえで、「一九八七年終わりに行われたセンサス調査による社会経済的データの更新によると、三五三七世帯が新たな住居に住まねばならず、そのうち七七・八七パーセントにあたる二八三二世帯は、農家」であり、また、

「住居となっている建物が二六一九戸と記録されており、その七七・七四パーセントが恒久住宅もしくは半恒久住宅である。この数値には生活インフラ、もしくは社会インフラ（学校や公共施設）は含まれていない」とする。

そして、「この影響について、補償金額は、一七〇〇万USドルの金額に上ると推定される。経済的価値を持つ一万五七九五・五ヘクタールの食用作物、商工業用作物、保護作物、その他の陸上作物を植えた農地のうち大部分が失われる」とし、本プロジェクトによって影響を受ける世帯の被害を説明している。

さらに、「正当でない補償金の支払い、そして、新しい居住地が旧来の居住地より質が悪いこと、新しい居住地で生業やその形態が変化すること、新しい居住地での仕事が利益をもたらさないこと、もとの村落の集団から住民を引き離すことなどの結果として、社会経済的および社会文化的な諸問題が生じ、そしてそれは社会の失望を引き起こすことになる」と述べる。

この事実を前に講ずべき対策にも言及している。「上記のような問題を防ぎ、管理するためには、移住する社会の落ち着きを生み出すことができるような説得型・教育型のアプローチが必要」として、「とくに上記の社会に対して、社会福祉を向上させるための開発にとってコトパンジャン水力発電所プロジェクトの重要性に関する情報提供」の重要性を述べる。

移転について、「代替居住地の準備は、十分に行われねばならず、各分野の開発プログラムが同時に行われなければならない。同時に行われることにより、住民は同じ施設を受け取ることになり、少なくとももとの居住村と同じようになる」との認識を明らかにしていた。

(2) 融資審査について

一九八九年三月、詳細設計が完了したことを受けて、インドネシア共和国政府は一九九〇年度の円借款案件として日本政府に要請した。

同年三月、OECF現地調査ミッションが派遣された。同調査は、本プロジェクトについて「審査に入る前に『環境問題対応策』の内、特に重要視される『住民移転』および『生態系』について、OECFが調査を行い、その結果で審査対象とするか否か決める」ためのものであった。

しかしながら、実際には、インドネシア側の用意した調査が行われただけで、住民への説明や移転に関する住民の同意手続に関するOECFの調査は行われなかった。「州、県、郡、村の各責任者のレベルでの連絡会」や「村長、区長（非公式リーダー）、村民」レベルでの集会が定期的に開かれ、「適宜説明され、村民の意見聴取も行われている」とか、「水没地区の村長を含め区長以上の関係者の『移住同意』のサインは得られており、『基本的には、村民の同意が得られている』と理解することができる」というインドネシア側の報告をそのまま受け入れるだけのものであった。

OECF現地調査ミッションを受けた日本政府調査団が同月中に派遣された。そこでは、日本政府側から「日本国内ではODAに対する関心が高まり国会やプレスで失敗例を取り上げ非難するケースが増加。従って効果的・効率的な案件の実施が益々重要になっており、問題があれば早急に是正に努めるべく日『イ』両政府の協力が必要」との認識が示されていた。

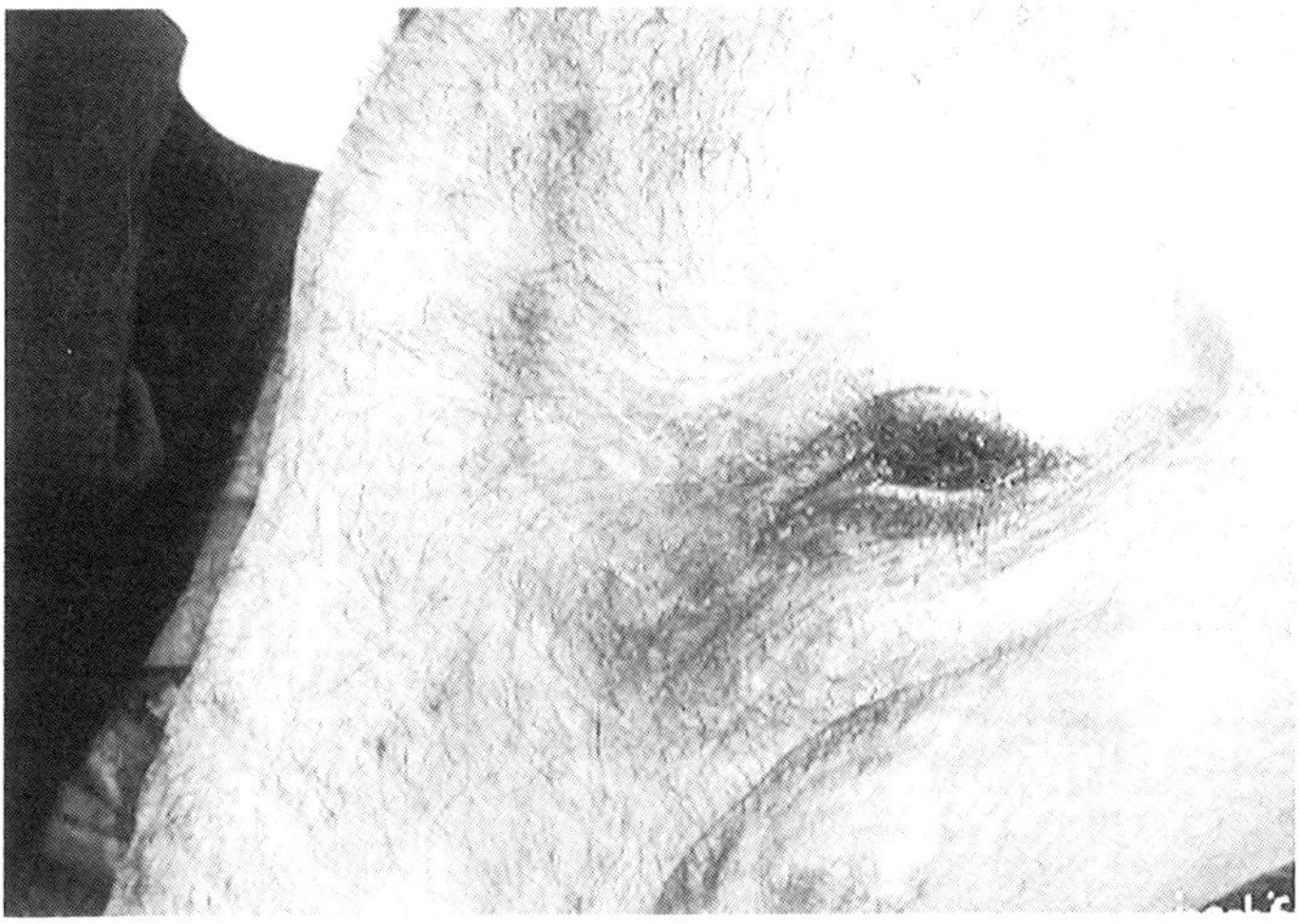
スマトラ象の目

そして、日本政府調査団は、「環境配慮についても問題が深刻化する以前に対応する必要あり。『イ』側にとってはコストの増加となる可能性もあるが、政治問題化する前に解決に努めることは結局『イ』側にとっても利益となる」と提起した。そこには、移転させられる住民への配慮は存在しない。この会合をふまえ、本プロジェクトは一九九〇年度案件として取り上げることが合意された。

同年五月、交換公文（公文の交換によって国家間の合意を構成する文書）および借款契約において、移転に対する住民の同意、象の保護等を借款供与の条件として盛り込み、立ち退きを迫られる住民や象に被害が発生しないよう日本政府およびＯＥＣＦがその履行について監理にあたることを特約することを付記し、六月初めまでには、本プロジェクトに円借款を供与することが決定した。そして同年六月の対インドネシア援助国会議において、日本政府は本プロジェクトに円借款を供与する意向を表明した。

日本政府の表明を受けて、インドネシア側は、同年七月、移転に対する住民の同意、象の保護等の条件を承諾する意向を表明した。リアウ州知事も同月、プロウ・ガダン村の四〇〇世帯に居住地を用意すること、沈んでしまう村の名士や代表格の人物たちと補償金の基準やその額に関しての同意を得ること、沈んでしまう地方の各世帯主とで移転させられる意向に関して同意を得ることを表明した。

しかし、同年八月、鷲見一夫教授（当時、横浜市立大学）を中心とした民間調査団が、本プロジェクト現地の視察調査を行ったところ、ダムの建設により一万四〇〇〇人以上の住民が立ち退きを強制されるおそれがあること、水没地にはスマトラ象が二〇頭あまり生息していること、貴重な仏教遺跡があること、ダム建設の内容が住民に十分に知らされていないことなどの問題点が明らかになった。そして、同調査団は、融資は取りやめるべきだと主張した。これを受けて、同年十一月には参議院決算委員会でコトパンジャン・ダム問題が取り上げられ、「現地の状況を直接把握して供与の是非を決定すべきである」とされた。

こうした状況を受けて、同年十二月、ＯＥＣＦは現地に中間監理ミッションを派遣し、追加調査を行った。しかしながら、同年三月の現地調査ミッションと同じく、追加調査はインドネシア側で用意された調査の範囲に止まり、「インタビューを行った印象としては、住民への情報提供は行きわたっており、現在のところ移転に反対する住民はいないものと思料される。ＢＡＰＰＥ

ＮＡＳ（インドネシア共和国国家開発企画庁＝引用者）および地方政府の対応も積極的に行われており、西スマトラ州の移転候補地を、水没住民の希望を考慮し、Ｒｉｍｂｏ　ｎａｎ　Ｄａｄａ（リンボ・ダタ地区＝引用者）に変更したことから示される様に住民の意見も考慮に入れながら実施されている」という報告となった。

(3)　第一次円借款契約の締結について

一九九〇年十二月十三日、日本政府は、インドネシア共和国政府との間で交換公文を締結し、コトパンジャン・ダム建設事業費の第一期分として一二五億円の円借款の供与を約束した。この交換公文に付属する討議議事録において、事業対象地に生息するすべての象を適切な保護区に移転すること、事業により影響を受ける世帯の生活水準は移転以前と同等かそれ以上のものが確保されること、事業により影響を受ける世帯の移転合意および補償合意は、各世帯から個別に取りつけられることという三条件が定められた。

続いて同月十四日、ＯＥＣＦは、コトパンジャン・ダム第一期工事分一二五億円の融資について、インドネシア共和国政府と借款契約を締結した。この第一次借款契約には、この三条件の履行を確保するため、以下のような特約が付された。

①　適切な移転と補償の実施
ⓐ　移転以前と同等かそれ以上の生活水準を確保する
ⓑ　移転合意は公平かつ平等な手続きを経て取り付ける

②　財・役務の調達同意までに達成されるべき点

ⓐ　コンサルタント契約同意までに、最初に水没する地区の住民の移転地が利用可能な状態になっており、補償のための財産評価基準が合意に達し、移転交渉が進捗している

ⓑ　土木工事・機器調達契約同意までに、野生生物保護・モニタリング計画が提出され、移転問題が解決されている

③　ダムの湛水開始前までに、補償金の支払い、移転先整備、住民移転が完了している

④　ダムの湛水開始前までに事業対象地域に生息するすべての象を保護区に移転する

⑤　①〜④が完了するまで進捗状況報告を四半期毎にOECFに提出する

⑥　事業完成までは四半期毎、完了後七年間は年毎に環境モニタリング報告をOECFに提出する

具体的には、借款協定の第5条（融資金の支払に関する条項）、第6条（損害賠償に関する条項）に以下のような規定が置かれた。

(a)　コンサルタントのための契約条件

＊再定住に関しての各々の住民と地方政府との間の合意（第5条第2項）

＊補償基準に関しての住民と地方政府との間の合意が、満足的な進捗を遂げなければならない（第6条第1項B）

＊コト・ラナの再定住地が、プロウ・ガダン村の住民によって利用できる状態に置かれなければならない（第6条第2項B）

(b)　土木工事のコントラクターのための契約条件

＊野生生物のための適切な保護／モニタリング計画が作成され、ＯＥＣＦに対して提出されなければならない（第６条第２項Ａ）

＊再定住問題が、良好に解決されなければならない（第６条第２項Ｂ）

すなわち、再定住に関しての各々の住民と地方政府との間の合意（第５条第２項）は借款契約上、融資金支払の条件とされ、補償基準に関しての住民と地方政府との間の合意（第６条第１項Ｂ）、コト・ラナの再定住地がプロウ・ガダン村の住民によって利用できる状態に置かれること（第６条第２項Ｂ）、再定住問題が良好に解決されること（第６条第２項Ｂ）などは、違約条項の発動条件と規定された。

(4)　現地住民への説明等

インドネシア共和国政府は、本プロジェクトについて、一九九〇年十二月に日本側から円借款契約供与が決定されるまで公けに住民と対話しなかった。そして、交換公文書署名後に「リアウ州八村、西スマトラ州二村合計一〇村の伝統的村落共同体の指導者等代表者とプロジェクトについてディスカッションを集中的に開催した」としている。

リアウ州の計画では、一九九〇年十二月十五日から一九九一年一月十四日までのわずか一カ月という短期間で、一万五〇〇〇人を超える住民に対する移転再居住に関する啓発活動を行い、移転同意表明書への署名や住民財産目録への記入を完了させることとされていた。

わずか一カ月という短期間に移転再居住に関する啓発活動を行い、移転同意表明書への署名を見込むには、強制を前提としなければできるはずがない。また、財産目録がこのような短期間に住民の意見を踏まえて正確に作成できるとは到底考えられず、現地での確認や測量も不十分な、極めて杜撰な財産目録になることは明らかである。

そして、短期間に移転同意等を取得するために、インドネシア共和国政府は、「調整」活動を実施し、移転同意表明書と住民財産目録書への記入を確保するという方針を打ち出した。リアウ州と西スマトラ州では、それぞれに「調整チーム」が組織された。

この調整チームの主要任務は、本プロジェクトについて、「住民の受け入れ状況と肯定的な認識を絶えず維持する」ことができるよう、現地住民を誘導することであった。こうした誘導活動により、ダム建設については、「住民全体の要望が存在したという状況を形成」しようとしたのである。

移転対象となる現地住民全員から移転同意を取得し、補償基準について合意が成立したとされている一九九一年四月以降の現地の状況を明らかにするものに、一九九一年夏および一九九二年一月の現地取材に基づく報道がある。

一九九一年夏に読売新聞が行った現地取材では、「水没予定の集落では、同意書に署名した家々の壁に通し番号がペンキ書きされ、だれが同意していないかひと目でわかる形で署名集めが行われていた」(一九九一年九月十九日付)ことを報じている。

一九九二年一月二十六日付毎日新聞記事でも、現地の状況について、水没予定地であるバトゥ・ブルスラット村の民家には「ほぼ三軒に一軒の割で、家の壁にペンキで赤い×印。移転を承諾した印だ」と書かれており、脅迫的な移転同意集めが行われている状況があったことは明らかである。

また、同記事は、「住民支援の地元活動家（四六）は『深夜、州当局から「村へ行ったら逮捕する」と電話があった。軍、警察が監視の目を光らせており、公然と反対を表明できない。東京に陳情に行った村人も報復を恐れて、村に帰れないでいる』と声をひそめる」等という状況にあったと伝えている。すなわち、移転住民らが自由に意見を表明できる状況ではなかったのである。

(5)　インドネシア現地からの告発

このような状況の中、一九九一年五月六日から十一日にかけて、インドネシア森林保全ネットワークの事務局長ヒラ・ジャムタニ女史が来日した。

ヒラ女史は、日本政府が第一次借款契約に三条件を付したことに評価を与えつつも、たとえば住民の移転同意について、リアウ州知事や本プロジェクトの責任者が「個別世帯の署名はどうにでもなる」と発言していることを証言した。さらに、第一次借款契約に付された条件が簡単に潜脱されてしまうおそれがあること、ＰＬＮ（インドネシア共和国国有電力公社）が準備している補償金は極めて少額であり到底公正な補償は行い得ないことなどを具体的に指摘し、日本政府に対して本プロジェクトへの融資中止を訴えた。

同年七月には、コト・トゥオ村の住民たち一八二名は、移転同意書への署名が無理矢理に強制されていること、一部の村落代表者による補償同意書への署名が住民全体の承認を得たものではないこと、住民の財産目録が本人の知らないうちに作成・署名されていること、移転同意書にすでに署名した人たちは自由意志でそうしたのではなく恐怖の下でそうせざるを得なかったこと等を指摘する声明書を採択した。

同年八月には、リアウ州ティガブラス・コト・カンパル郡八カ村の村落代表が同様の住民総意声明書を採択し、約七〇〇名の住民が署名した。

同年九月二日には、リアウ州ティガブラス・コト・カンパル郡の住民代表五名がジャカルタにおいて同様の住民代表声明書を発表し、インドネシアの国会、政党、政府機関ならびにOECF事務所を訪問して声明書を提出した。

住民による本プロジェクトに反対する行動に対し、インドネシア共和国政府はこれを抑圧した。たとえば、一九九一年八月、コト・トゥオ村が声明を出す前後には、コト・トゥオ村で開催予定だった村民集会に対し、郡長がM16ライフルを携行した完全武装の兵士七人とともにやってきて、集会を解散に追い込んだりしたのだ。

以上のような状況の中で、一九九一年九月七日、本プロジェクトに影響を受ける現地住民の代表として、ラハマット氏およびバヘラム氏が来日した。九月九日の記者会見において、次のような内容の「日本政府と日本国民に対するインドネシア・コトパンジャン連帯行動委員会からの声明書」を発表した。

「すべての村人たちが、移転同意書に署名しているわけではありません。政府が事情を十分に説

未成熟のゴム樹（タンジョン・パウ村、2008年12月）

明しなかったことから、多くの人々は、自分がいつ移転同意書に署名したのか思い出せません」

「他方において、署名した人たちのうちには、今直ちに移転同意書に署名しなければ、今後はどのような補償も一切受けられないであろうと脅されて、そうした人もおります」

「また、多くの補償と今よりも明るく豊かな未来を約束されて、署名の説得に応じた人もいます。人々には、この地に踏み止まるという選択は与えられておらず、その代わりに再定住の選択が与えられているだけです」

「インドネシア共和国政府は各村から一〇人ずつを選び、彼らと秘密の交渉を行い、すべての村が受け取るべき補償額を定めた。言い替えれば、たった一〇人がその他の村びとたちに何も知らせないで、何の相談もなしですべての人を代表して決定したのである」

「この補償額は情けないほど少額で、例えば野菜、ゴム、その他の穀物用の土地は一平方メートルにつき二〇～五〇ルピア（三～四円以下）と定められた。ゴムの木一本につき二〇〇〇ルピア

旧タンジュン・バリット村（2006年）

の補償が与えられるが、一本のゴムの木が五年間に生産するゴムは約四万六〇〇〇ルピアくらいである。また、ココナッツの木一本につき四〇〇〇ルピアの補償金と決められたが、一本のココナッツの木が五年間に生産するココナッツは約三六万ルピアに値する」

このように問題点を指摘した上で両氏は、「日本政府は、融資国としてダム建設が引き起こす環境並びに社会的影響に対する責任を取る必要があること、影響を受けるすべての人たちは警察やその他の機関からのいやがらせや威嚇行為を受けることなく、自分たちの意見を述べ、集会を開き、署名を集めるなどプロジェクトに関連する行動を自由に行えるよう完全に保証されるべきであること、本件について独立機関による再調査を行うこと、上記各措置がとられるまで本件プロジェクトへの融資や融資への約束は控えられるべきであること」を要請した。

現地住民の告発を受けて、堂本暁子参議院議員が九月二十五日、同院環境特別委員会で本プロジェクトについて質問を行うなど、日本国内でもODAのあり方が問題化した。

(6) 日本政府の対応

現地住民の告発に対し、日本政府は問題を真摯に解決しようとする姿勢を示さなかった。

九月十九日、ラハマット氏が外務省、経産省など四省庁とOECFに現地住民の状況を訴えているまさにその時に、日本政府は第二次円借款について交換公文を締結した。九月二十五日、OECFは、コトパンジャン・ダム第二期工事分一七五億二五〇〇万円の融資についてインドネシア側と借款契約を締結した。

結局、この締結に待ったをかけるべく来日した現地住民代表の訴えに対し、日本政府もＯＥＣＦも何らの配慮も払わなかったのである。

その後、日本政府は、インドネシア共和国政府に対して問題の根本的な解決をはかるのではなく、問題を隠蔽するような対応に出た。九月三十日、外務省経済協力局畠中篤参事官は、来日中のインドネシアのギナンジャール鉱業・エネルギー大臣に対し、コトパンジャン問題について次のことを求めたのだ。

「我が国政府は、本事業の重要性を十分認識しており、ダム建設が一刻も早く開始され、予定通り完成し、貴国の電力需要に貢献することを期待するとの立場を一切変更していない」

「コタパンジャン住民二名が今月（九月）来日し、国会議員、四省庁、ＯＥＣＦへの陳述等を行った結果、右住民の意見に影響を受けた議員やマスコミ等から我が方に対して問い合わせ・抗議等が殺到しており、借款供与を決定した当省を初めとする四省庁の立場も苦しいものとなってきている」

「我が方としては、本事業の重要性に鑑み供与を決定したものであり、反論に努め、進める決意に揺るぎはない。しかしながら、今次の住民来日により、本件移転問題に対する国民の関心も高まっていることもあり、取り扱い如何では、本件ダム建設への資金協力自体のみならず、対インドネシア経済援助、ひいては我が国の経済協力の在り方全体に悪影響を及ぼしかねない非常に機微な問題であるを十分にご認識いただきたい」

また、同年十月三〜五日、インドネシアを訪問した外務省経済協力局有償資金協力課石橋太郎課長は、インドネシア共和国政府高官に対し、次の通り求めた。

「九〇年十二月に『イ』政府は現地住民に対し、プロジェクト実施と住民移転について水没地域住民に説明を始めた様であるが、住民の一部には情報について十分知らされていないこともあり、補償単価等について不満が生じているようだ。今年（九一年）九月に農民が日本とインドネシアのNGOに伴われて来日し、本件プロジェクトについて日本の関係者に訴えて回った」

「環境問題、人権問題をはじめ、住民対策（具体的には説明とか合意取り付けのプロセス）について、NGOの批判が強いばかりでなく、マスコミや更には与党を含めた議員の厳しい眼もあって、憂慮している点、十分理解願いたい。五年前と今とでは、こうした環境や人権をめぐるプロジェクト実施の背景には極めて大きな変化が生じた点に留意する必要がある」

「移転問題への配慮の問題は前述の如く五年前とは根本的に変化している。それ故に本プロジェクト実施に際しては様々の難しい点が生じており、我々の講ずる措置もそうした点に十分配慮する姿勢が必要となる」

「この問題の扱いを誤れば、本プロジェクトの措置にとどまらず、対『イ』向けODAを損ない、ひいては日本のODA全体にも悪影響を与え兼ねないものであるからなのである」

「世銀ローンのプロジェクトで、多数の住民の移転が問題となったインドのナルマダ・プロジェクトはNGOの第一の標的となり、その結果同プロジェクトへの円借款供与は事実上棚ざらしにされ、極めて難しい状態に追い込まれたわけで、我々は、本プロジェクトを第二のナルマダ化することは、何としても食い止める必要がある」

「また、これは円借款案件ではなく輸銀（日本輸出入銀行、一九九九年にＯＥＣＦと統合、国際協力銀行となる＝引用社）が問題だが、クドゥンオンボのようにこじれさせる訳にはいかない」

「今後の六カ月間は非常に重要な時期であり、（中略）この期間の内に現状改善のためのシナリオを作成し大多数の農民の支持をかため、また議員にも十分説明し、マスコミ等もあえて問題視出来ないようにしてしまうことが必要」

このように、外務省高官は、インドネシア共和国政府の大臣と高官に向かって問題の根本的な解決ではなく、その封じ込めを示唆したのだ。

(7)　付された条件を無視したコンサルタント契約締結への同意

本プロジェクトを進めるにあたり、最初に必要となるコンサルタント契約の締結にはＯＥＣＦの同意が必要であった。そして、借款契約には、次のような条件が定められていた（条文の位置付けは六二〜六三ページ参照）。

(1)　各々の住民と地方政府との間で移転に関して合意が成立すること（第5条第2項）

(2)　補償基準に関しての住民と地方政府との間の合意が、満足的な進捗を遂げなければならない（第6条第1項B）

(3)　コト・ラナの再定住地が、プロウ・ガダン村の住民によって利用できる状態に置かれなければならない（第6条第2項B）

一九九一年十二月、ＯＥＣＦは、コンサルタント契約に同意した。しかしながら、この当時、右記条件は満たされていなかった。

まず、⑴について、現地では移転同意への署名が強制されているという声明が上がり、日本に住民の代表がきてアピールするという状況にあった。来日した住民の訴えを受け、ギナンジャール鉱業・エネルギー大臣と会談した外務省の畠中参事官は、現地において十分な対話がなく意思疎通ができておらず、住民の合意を得られていないとの認識を示し、今からでも遅くないので現地住民と十分に対話を行い、意思疎通を図り、住民の合意を取り付けることを求めた。

これに対し、ギナンジャール大臣は、「伝統的指導者の配下の住民の中には、同意していないものもいる」と答え、右記条件が満たされていないことは、日本政府もインドネシア共和国政府も認識していた。

⑵についても、現地の各声明や来日した代表の声明にあるとおり、補償基準は、インドネシア共和国政府が秘密裏に各村から一〇人ずつを選んだ代表による秘密交渉で定められたものである上、補償額は情けないほど少額で、適正価格とは桁が違ったのである。

⑶については、PLNの回答においても、土地伐採や道路整備は何とか整備が終了しているものの、家屋、トイレ、井戸の整備は半分以下であり、ゴム園に至っては達成率すら報告されておらず未着手ではないかと推測される状況であった。したがって、PLNの回答においても、コト・ラナ地区がプロウ・ガダン村の住民によって利用できる状態にあるとはいえない状況であったことは明らかであった。

OECFは、自らが付した特約を遵守させなかったのである。

4　移転後の住民たちが置かれた状況

一九九六年二月まではすべての村で再定住地への移転が終了した。東電設計が作成した事業完成報告書には、一九九八年七月三十一日時点での各移住先の土地整備や公共インフラ建設工事の進捗状況が記載されている。そのうち農園に関しては七七ページの表のとおりである。

リンボ・ダタを除けば、農園の準備、被覆作物の植え付け、アブラ・ヤシの植え付けについては達成率ゼロである。リンボ・ダタの農園も生育不足の状態にあるとされ、移転した住民が利用可能な状況ではなかった。すでに湛水が始まっていた一九九七年七月の時点ですら、移住地の農園の整備はできていなかった。各移住地では当初、ゴム農園を整備する予定であったが、ゴム農園の整備は一九九六年の時点で破綻していた。

前述の完成報告書では、このゴム農園の整備が破綻した理由として、予算制限のためにメンテナンスの期間が当初計画の一年間より短縮されて三カ月しか設けられなかったこと、再定住地の造成の遅れのために種苗の植付を雨期の開始段階に実施することができなかったこと、土地証明の遅れのために住民へのゴム樹の苗木の引渡しが種苗の生育後三カ月間も行われなかったことを挙げている。ゴム農園の整備が破綻したことを受けて、ゴム農園からアブラ・ヤシ農園への転換が図られたが、右記の通り、これも失敗している状況であった。

このように各移住地においては、移転した住民の今後の生活の糧となる農園の整備が何ら進展していなかった。住民たちは、移転地で生活の糧を得られない状況にあり、他方で一九九七年四月に湛水が開始されたため、従前の農園も失うこととなったのである。

本プロジェクトは、水力発電を主要な目的とするダム建設にあるが、このダム建設により大規模な貯水池ができるため広大な地域が水没し、これにより大規模な住民移転が必要となることは当初から明らかにされていた。

一九八四年にＪＩＣＡによって作成されたフィージビリティ・スタディは、本プロジェクトにより、リアウ州および西スマトラ州の一〇カ村が水没し、水没家屋は二六四四戸で一万三九〇七人に影響が及ぶとしていた。そして、「こうした水没家族に対しては、適切な補償と同時に今後移転をめざす再定住のための候補地が求められる」とする対応を記していた。

一九八八年に作成された詳細設計の一部である環境管理計画と環境モニタリング計画では、「コトパンジャンＨＰＰ（水力発電所＝引用者）の建設による否定的な影響を避けるか最小化し、そして、肯定的な影響を最大化するか維持するための方策を特定することに狙いを定めた」とされている。

日本政府およびＯＥＣＦは、一九九〇年十二月および一九九一年九月に、インドネシア共和国政府との間で締結した交換公文の討議議事録および借款契約において「３　明らかになった事実経緯と国・ＪＢＩＣらの責任」で述べた詳細な条項を定め、移転させられる住民の利益を守ることとした。

以上において、住民移転は本プロジェクトの不可欠の一部とされ、ダム建設工事と同等の優先

1998年7月31日現在の再定住地農園の整備状況（東電設計の完成報告書より）

居住地名（村名）	当初計画	達成量（パーセント）
コト・ナラの農園	①準備：1,184ヘクタール	0ヘクタール（0）
	②被覆作物の植え付け：1,184ヘクタール	0ヘクタール（0）
	③農園種苗（アブラ・ヤシ）：159,840本	92,467本（57.85）
	④アブラ・ヤシの植え付け：1,184ヘクタール	0ヘクタール（0）
南ムアラ・タクスの農園（コト・トゥオ村、ムアラ・タクス村）	①準備：1,688ヘクタール	0ヘクタール（0）
	②被覆作物の植え付け：1,688ヘクタール	0ヘクタール（0）
	③農園種苗：227,880本	131,829本（57.85）
	④アブラ・ヤシの植え付け：1,688ヘクタール	0ヘクタール（0）
南シベルアン・ユニットの農園（グヌン・ブンス村）	①準備：482ヘクタール	0ヘクタール（0）
	②被覆作物の植え付け：482ヘクタール	0ヘクタール（0）
	③農園種苗：65,070本	37,643本（57.85）
	④アブラ・ヤシの植え付け：482ヘクタール	0ヘクタール（0）
ラナ・コト・タラゴの農園（タンジュン・アライ村）	①準備：626ヘクタール	0ヘクタール（0）
	②被覆作物の植え付け：626ヘクタール	0ヘクタール（0）
	③農園種苗：84,510本	48,889本（57.85）
	④アブラ・ヤシの植え付け：626ヘクタール	0ヘクタール（0）
ラナ・スンカイの農園（バトゥ・ブルスラット村、ルブック・アグン村、コト・テンガ村）	①準備：1,114ヘクタール	0ヘクタール（0）
	②被覆作物の植え付け：1,114ヘクタール	0ヘクタール（0）
	③農園種苗：150,390本	87,001本（57.85）
	④アブラ・ヤシの植え付け：1,114ヘクタール	0ヘクタール（0）
南バトゥ・ブルスラットの農園（バトゥ・ブルスラット村バサール）	①準備：1,400ヘクタール	0ヘクタール（0）
	②被覆作物の植え付け：1,400ヘクタール	0ヘクタール（0）
	③農園種苗：189,000本	109,2271本（57.85）
	④アブラ・ヤシの植え付け：1,400ヘクタール	0ヘクタール（0）
南シブルアン・ユニット2の農園（ボンカイ村）	①準備：400ヘクタール	0ヘクタール（0）
	②被覆作物の植え付け：400ヘクタール	0ヘクタール（0）
	③農園種苗：34,000本	31,239本（57.85）
	④アブラ・ヤシの植え付け：400ヘクタール	0ヘクタール（0）
リンボ・ダタの農園（生育不足の状態にある）	①準備：1,600ヘクタール	1,508ヘクタール（94.25）
	②被覆作物の植え付け：1,600ヘクタール	1,508ヘクタール（94.25）
	③農園種苗：800,000本	754,000本（94.25）
	④ゴム樹の植え付け：1,600ヘクタール	1,508ヘクタール（94.25）

度を持つものとして位置付けられていたはずであった。そして、その達成のために、借款契約では、作業工程ごとに住民の再定住過程の目標が定められ、その実現が確保されていたはずであった。

しかしながら、本プロジェクトの実行過程では住民移転の成功という目標はないがしろにされ、この目標を達成するために借款契約に規定された作業工程ごとの再定住過程の目標は守られなかった。

5 移転の問題点

その結果、住民たちはどのような状況に追い込まれたのか。五点にまとめてみる。

第一は、移転の強制である。すでに明らかにされたことであるが、強制の事実は何度も強調されていい。

ＪＢＩＣの委託を受けたＮＧＯの調査では、住民から補償スキームへの不満・苦情のほかに、移転が強制されたという申立があったことが報告されている。すでに述べた、プロウ・ガダン村の移転（二九～三二ページ）の他にも、バトゥ・ブルスラット村、ビナマン村、タンジュン・アライ村、コト・トゥオ村において、移転に当たって軍あるいは公安機関による直接的ないし間接的な強制があったとされる。

第二は、生計手段の破壊である。

移転時に「収穫可能な二ヘクタールのゴム農園」が住民たちに与えられるはずであった。だが、政府によるこの約束は見事に裏切られている。住民たちが実際に見たものは、ゴムの木のないゴム農園であったり、道路脇にだけゴムの木が植え付けられた農園であった。

「総じて言えば、『事業影響を受けた世帯』（ＰＡＦｓ）のための当初のゴム開発努力は、リアウ州と西スマトラ州の双方において不満足な結果に終わった」と本件ＳＡＰＳは書いている。

リアウ州では当初のゴム農園整備はゴムの植付けが悪く枯れてしまい、一九九九年から二〇〇〇年の再植林プログラムによってようやくゴム園の再生が始まるに至った。西スマトラ州のゴム農園も同様に当初の整備ではほとんどのゴムの木は枯れてしまい、その後の再植林も約三カ月後に焼失してしまった。二〇〇一年のＳＡＰＳ調査時点では西スマトラ州側のゴム農園は失敗に終わっている。

また、移転前のパラウィジャ地（菜園）・庭地では、土壌が肥沃であったためミカンなどの作物を育てることができ、その収入で子どもを学校に通わせたりしていた。ところが、移転地の土壌は劣悪であり、作物の栽培に適していない。

第三は、移転地での劣悪な環境である。それは、基本的な生活環境を満たすものではなく、移転前の生活から大きく後退するものだった。

移住プログラムによって供給された住宅は、サイズが五メートル×六メートルの広さ、しっくいを塗った床、木製の壁、そしてアスベストの屋根という移住省の基準に従った画一的なものであり、一時的な避難所という位置づけで建てられたものにすぎなかった。住民は半恒久的住居が供与されるべきだと考えていたが、従前の居住地は水没させられてしまうことから、画一的住居を受け入れざるを得なかったのである。

インドネシア共和国政府が提供した住民の主要水源は手動の浅い井戸であり、補完的手段として天水や小川、泉からの表流水が利用されている。井戸が浅いため、乾季における水量は不十分である。一〇カ村では質量ともに問題がある。タンジュン・バリット村とタンジュン・パウ村では井戸水の濁度が大きく、飲料に適していない。こうしたことから、「浅井戸は、今日では、再定住世帯の間ではほとんど使われていない」のである。

インドネシア共和国政府は、MCK（水浴び、洗濯、トイレ）施設を供与する約束をしていた。だが、ほとんどの村で供与されたのはトイレのみであり、水浴びと洗濯の施設はなかった。そのトイレもすぐに利用できなくなる代物であり、住民は川や庭地の穴を使わざるをえなくなったのである。

第四は、不公正な補償である。そのことを端的に示すのが補償基準の低さである。

JBICの委託を受けたNGOによる調査では、決定された補償額が、ココナッツ一本あたりの単価四八〇〇ルピアと住民提案の約一〇分の一、同様に、ゴム一本あたり二四〇〇ルピアと住民提案の約四分の一となっている。土地の一平方メートルあたりの単価は更に低額であり、稲田が六〇〇ルピアと住民提案の二五分の一、農園が三〇ルピアと住民提案の約三〇分の一とされている。建物（高耐久性）について九万二〇〇〇ルピアと住民提案の二〇分の一であった。ちなみに同調査ではタバコ三本が一〇〇ルピアとされており、補償額が補償の名に値しないほどの低額であることがわかる。

子どもたちの笑顔（コト・トゥオ村、2008年12月）

第五は、社会文化に与えた被害である。ダム建設のスケジュールに合わせて移住プログラムが構想された。したがって、住民たちを移住させることが住民の伝統的な社会と文化の再建を保障することよりも重要視された。その結果、社会的発展や移住した家族のための訓練プログラムやプロジェクトによって影響を受ける社会の伝統についても何ら考慮されなかった。

また移住プログラムは、タナ・ウラヤットと呼ばれるコミュニティ所有の土地の喪失を結果としてもたらした。慣習では、タナ・ウラヤットから新たに結婚したカップルに土地が配分され、これによって新しいカップルは生活を維持してきた。移住プログラムにおいては、この慣習が伝統的な社会の結束を維持するためのきわめて重要な要因のひとつであるとはみなされず、そのため移住プログラムの中にタナ・ウラヤットに対する配慮は含まれなかった。

6　裁判闘争の意義

裁判の意義を論ずるに当たっては判決の内容が重要な位置を占めるはずである。しかしながら、裁判所の判決は非常に不十分な内容であった。次にその判決を概観しよう。

まず、東京地裁判決の最大の問題点は、コトパンジャン・ダム建設により原告住民たちが受けた被害、及び自然環境に生じた悪影響、という裁判で問われた被害の実情をきちんと見据えていないことにある。このため、判決では原告、住民らが訴えた本プロジェクトによる被害実態が認定されていない。

さらに、東京地裁判決は、原告住民らの移転及び補償の問題は、インドネシア共和国政府の内政上の問題であり、インドネシア共和国政府移住省及び同州政府が事業主体となって行ったものであり、日本側には責任はないと判断した。

このように地裁判決はコトパンジャン地域においていかなる状況が現出されたのかという点を全て無視しており、注意義務（人が一定の行為を行う際、あるいは一定の行為を行わない際に遵守されるべき規範）の存在そのものを否定した。

住民移転や補償を現地政府の内政問題として、日本側の責任を免除する東京地裁の考え方によると、ＯＤＡプロジェクトによって、重大な被害が発生しても日本側は何らの責任を負わなくてもよいことになる。これは、裁判所がＯＤＡプロジェクトに関係する機関にフリーハンドのお墨付きを与えてしまったようなものである。

東京高裁判決も基本的に地裁判決を踏襲し、ＯＤＡ供与をめぐって住民に生じた被害はすべて被援助国の内政問題であるから、日本政府らは何ら責任を負うことはない、とした。そして、最高裁に至っては何ら具体的判断を示さず、住民らの上訴を退けた。

裁判所は、ＯＤＡについて相手国のためにお金を出している行為であるという古色蒼然としたＯＤＡ観に立脚しているというほかない。

以上の通り、裁判所の判示内容には重大な問題があるが、他方で、コトパンジャン裁判には次のような成果が認められる。

第一に、反ＯＤＡ闘争の新たな手段として裁判闘争を取り得るということを示したことである。コトパンジャン裁判は、提訴準備段階から「そんな裁判が成り立つわけない」などと心ない批判が陰に陽にあったが、それをはねのけて最高裁までの裁判闘争を貫徹した。

判決内容はともかくも、ＯＤＡプロジェクトにより被害を被った現地住民には国家賠償請求という方法をもって日本政府らの責任を追及する方途がありうることを明らかにした。

様々な反ＯＤＡ闘争が取り組まれているが、十数年にわたるコトパンジャン裁判は、裁判闘争という形態が反ＯＤＡ闘争の一つの手段であることを位置付けた。戦後補償関連の裁判でも同様な裁判闘争に対する疑義が論じられたと聞くが、日本政府の不当極まる対応と対決し、粘り強く裁判闘争が闘われている。原発を巡る裁判もまた然り、政教分離を巡る裁判もまた然り。

日本帝国主義によるアジア・太平洋戦争によってもたらされた悲惨極まる被害を糊塗する方策として始まった日本のＯＤＡは、同時に、国際社会における日本の経済的・政治的地位の復権、アジア諸国への経済進出の足がかりのための強力な手段として実行された。

ＯＤＡは、日本の「戦後処理」やエネルギー政策などと同様に戦後における日本の国策の根幹であり、「聖域」とされてきたものである（なお、二〇一五年二月の開発協力大綱においてさらに踏み込んで、国益追求のためのＯＤＡという位置づけが明確にされている）。

コトパンジャン裁判は、そういった国策の大きな柱であるＯＤＡに対して司法の場においても、被害住民の置かれた状況に立脚し、現地で行われた不正義を弾劾したという点で、戦後補償裁判、原発裁判と同様に日本政府の責任を追及したものである。ＯＤＡという「聖域」に踏み込み、裁判闘争という手段をも取り得ることを示したのであった。

第二に、コトパンジャン・ダム建設という個別的なＯＤＡ案件について、法的観点から批判を集中させ、体系的に分析しながら、議論をしたということである。これまでＯＤＡ案件に対する事後評価報告などは、必ずしも法的観点からなされたものではなく、また、案件を推し進める側での評価が結果的に主流となっていたと思われるが、今後一層、ＯＤＡ案件に対してあらゆる分野からの批判的分析が必要であると考える。

第三に、地裁段階で申し立てた文書提出命令の結果、裁判所から東電設計に対して「本件ダムに関する、ＰＬＮと東電設計との間の受注契約書、進捗状況報告書およびプロジェクト完成報

第１次提訴前のアピール（東京、2002年９月５日）

告書を提出せよ」との決定が出され、確定したことである。なかなか外部に開示されることがない文書類であったが、裁判を通じて開示が決められたことにより、コトパンジャン・ダム建設過程等の詳細が明らかになった。ＯＤＡ供与あるいはプロジェクト推進過程を検証するためには関連する文書の公開が必須だ。その大きな一歩を獲得したのである。

次に、裁判闘争を運動論的な観点から見ると、その意義を以下のように整理することができる。

第一は、住民たちがコトパンジャン・ダム建設事業により受けた多大な被害の回復を実現するために闘いに立ち上がったことである。従来のスハルト政権下ではこのような闘いを行うことは困難であったが、インドネシア国内での国策ともいえる大規模開発に対して「ＮＯ！」の声を挙げたのであった。

第二は、日本政府らによるＯＤＡのあり方に対する日本での闘いが裁判闘争という形態をとったことであり、それに日本人が積極的・主体的に取り組んだことである。

第三に、インドネシアにおける大規模開発に対する闘いと日本における反ＯＤＡの闘いが連帯し、闘い抜かれたことである。また、裁判闘争および運動の意義がこのようなものであったからこそ、後に反ＯＤＡと反原発輸出の闘いが展開されていくこととなった。

最後に、コトパンジャン闘争は、現地にあって苦しい生活を強いられながらも闘争を継続する原告団、コトパンジャン現地を何度も訪問しながらインドネシアと日本の間の民衆連帯を形成・維持・発展させていった支援する会、なくてはならぬインドネシア語の通訳を献身的に担って頂いた方々、専門的な知見を惜しげもなく寄せて頂いた研究者の方々など様々な立場から展開された。こうした連携が裁判闘争を支えてきたのであり、今後のとりくみを考えると、これが最大の成果といえよう。


（浅野史生＋奥村秀二・弁護団）

第3章　さまざまな壁を乗り越えてきた裁判支援

1　相互の交流で達成された提訴

この裁判が起こされた背景には、二つの要因がある。一つはインドネシアにおけるコトパンジャン住民自身の闘いである。「タラタク協会」やインドネシア森林保護ネットワーク（SKEPHI）など、現地NGOに支援された住民たちのダム建設反対運動は、住民と支援者代表二人の日本派遣（一九九一年）で大きく飛躍した。

しかしその後、インドネシア国軍による弾圧で運動は抑圧され、住民たちは強制移転を余儀なくされたのだが、スハルト体制の崩壊（一九九八年五月）と軌を一にして、運動が再開された。それは、一九九八年六月の西スマトラ州タンジュン・バリット村一〇世帯の未払い移転補償金請求の同州の地裁提訴と、続いて行われた二〇〇〇年の同州タンジュン・パウ村六七世帯の提訴である。だが、裁判闘争は長期化し、勝利の展望が見通せない状況になっていた。

他方、日本では一九八六年に発覚したフィリピンの「マルコス疑惑」や、一九九八年のスハルト政権崩壊でその一端が明らかになったインドネシアの「スハルト蓄財疑惑」など、ODAを巡る腐敗・汚職の実態が次々に暴露され、国民の批判が高まった。しかし、日本政府はその都度、外務省やJICAによる「情報公開」や「監査の強化」などの小手先の「改革」でゴマ化し続けてきた。その結果、二〇〇一年に至ってもロシア支援事業に関する「鈴木宗男疑惑」が発覚するなど、腐敗・汚職の体質は全く改善されなかったばかりか、被援助国の住民に深刻な被害を及ぼ

図　旧村および移転地の位置

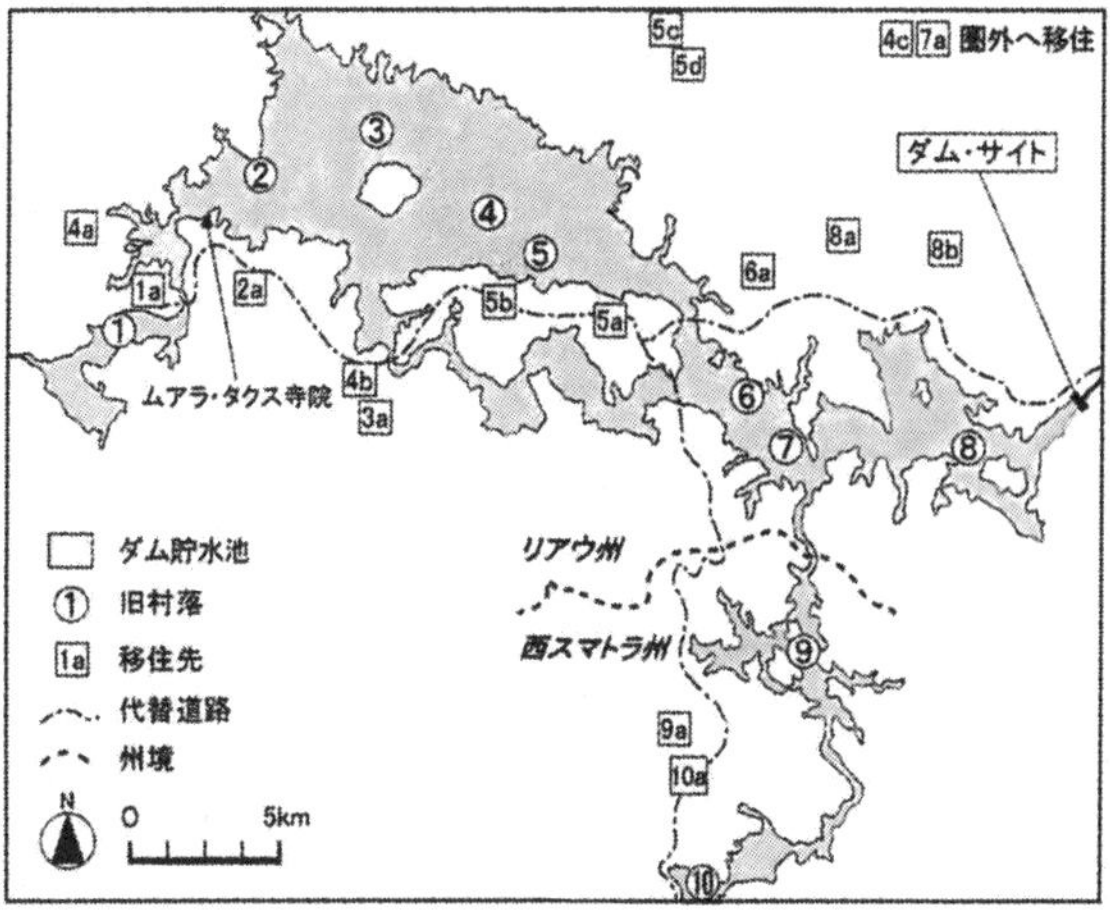

表　移転村の移転地と移転時期

リアウ州カンパル県ティガブラス・コト・カンパル郡				
旧村名	世帯数	移住年月	移転地区	新村名
1　グヌン・ブンス	241	93年3月	スラタン・シベルアン第1居住地区	1a　グヌン・ブンス
2　ムアラ・タクス	244	94年1月	スラタン・ムアラ・タクス第1居住地区	2a　ムアラ・タクス
3　コト・トゥオ	599	94年3月	スラタン・ムアラ・タクス第2居住地区	3a　コト・トゥオ
4　ポンカイ	459	96年2月	スラタン・シベルアン第2居住地区	4a　ポンカイ・バル
			村内で沈まなかった地域に移転	4b　ポンカイ・イスティコマ
			スンガイ・パガル	4c　マヤン・ポンカイ*
5　バトゥ・ブルスラット	1257	96年1月	スラタン・バトゥ・ブルスラット	5a　バトゥ・ブルスラット
				5b　ビナマン
		95年1月	ラナ・スンカイ	5c　ラナ・スンカイ
				5d　ルブック・アグン
6　タンジュン・アライ	313	94年10月	ラナ・コト・タラゴ	6a　タンジュン・アライ
7　ムアラ・マハット	447	94年3月	バンキナン・ブロックX/G	7a　ムアラ・マハット・バル**
8　ブロウ・ガダン	592	92年8月	コト・ラナ	8a　ブロウ・ガダン
				8a　コト・ムスジッド
西スマトラ州リマプル・コタ県パンカラン・コト・バル郡				
9　タンジュン・パウ	313	93年7月	リンボ・ダタル第2居住地区	9a　タンジュン・パウ
10　タンジュン・バリット	421	93年7月	リンボ・ダタル第1居住地区	10a　タンジュン・バリット

*) カンパル県カンパル・キリ郡に移転。

**) カンパル県タプン郡に移転。

出所：久保康行編著『ＯＤＡで沈んだ村』（ニンジャ・ブックレット№6）

すプロジェクトが横行し続けてきたのである。

こうしたODAの実態を調査・研究・告発し続けてきたのが鷲見一夫新潟大学教授（当時）や村井吉敬上智大学教授（当時）に代表される研究者やODA改革を求める民主的なNGOであった。彼らは日本のODAを根本的に改革するためには、被害者住民たちが日本政府に対して直接損害賠償を求める裁判を行う以外にないと考えていた。

鷲見一夫新潟大学教授（当時）や日本の支援者たちが連続して現地を訪問（二〇〇〇年九月、二〇〇一年一月、二〇〇一年五月）、住民たちや、その闘いを支援する「タラタク協会」、ブキティンギ法律擁護事務所（「KBH」ブキティンギ）の活動家・弁護士たちと話し合いを重ねる中で、日本側とインドネシア側の双方が日本での裁判を模索し始めた。

提訴に至る動きを決定づけたのが、二〇〇一年七月に被害者住民代表団三人（タンジュン・パウ村のマスルル・サリム村長、「タラタク協会」のアルメン・ムハマッド代表、ブキティンギ法律擁護事務所のアデル・ユシルマン弁護士）を招請して実施された「コトパンジャン・ダム被害者住民代表団日本縦断キャンペーン」である。

この「ツアーを成功させる会」には、ODA改革や途上国の債務キャンセル、そしてインドネシアの民主化運動などにかかわる幅広い団体代表・個人（四九人）が呼びかけ人になった。そして、東京（七月十九日・二十日）、徳島（二十二日）、名古屋（二十四日）、大阪（二十五日）、神戸（二十六日）、沖縄（二十八日〜三十日）の各地で交流・報告会が開催された。住民代表団は、このツアーの先々で日本の市民・労働者・学生らの熱い支援に接し、感激した。そして、日本の弁護士たちとの意見交換を通じ、提訴の可能性を確信して帰国した。

その後、インドネシアでは被害者住民の組織化が大きく前進し、三カ月後の十一月七日に一〇カ村の代表により「コトパンジャン・ダム被害者住民闘争協議会」（ＢＰＲＫＤＫＰ、略称「住民闘争協議会」、初代議長はマスルル・サリム氏）が結成された。また、日本でも、十月六日に東京の弁護士三人（大口昭彦氏、浅野史生氏、古川美氏）と研究者（鷲見、村井両教授など）、ＮＧＯ関係者らによる勉強会が開始された。そして、十二月七日には支援者が多い大阪で「コトパンジャン・ダム被害者住民を支援する会」（略称「支援する会」、代表は鷲見一夫氏、初代副代表は村井吉敬氏と藤林泰氏）が結成された。

このように日本とインドネシアの双方で、提訴に向けた準備作業が進められたが、それを調整・加速させたのが二〇〇二年三月の弁護士・支援者の現地訪問であった。参加者は二人の弁護士（浅野氏と古川氏）と「支援する会」の鷲見代表をはじめとする六人、そしてインドネシア民主化支援ネットワーク（ＮＩＮＤＪＡ、略称「ニンジャ」）スタッフの久保康之氏である。合計九人の日本側代表が、首都ジャカルタから支援団体が拠点を置く西スマトラ州の都市ブキティンギを経由してコトパンジャン現地を訪問した。

最初に訪問したジャカルタでは、コトパンジャンの自然生態系破壊問題について、「インドネシア環境フォーラム」（ＷＡＬＨＩ、略称「ワルヒ」）や「世界自然保護基金」（ＷＷＦ）インドネシアとの意見交換を行った。この会談をきっかけに、「ワルヒ」全国委員会は、コトパンジャン地域の自然環境を代表する原告として裁判に参加し、裁判終了後も組織を挙げて被害者住民への支援

州都パダンで開催された住民代表大会（Kongres）（2002年5月27～28日）

を継続するようになった。

　ブキティンギとコトパンジャン現地では、日本での提訴をテーマとして「住民闘争協議会」、「タラタク協会」、「ブキティンギ法律擁護事務所」とそれぞれ会談を行った。また、初めて日本とインドネシアの弁護士および支援者による共同の被害実態調査も実施された。この日本側弁護士の訪問により、「住民闘争協議会」の役員や支援団体の士気が高まり、インドネシアにおける提訴の準備が一段と加速した。

　そして、日本の裁判所への提訴を決定づけたのが、五月二十七日から二日間、西スマトラ州の州都パダンで開催された住民代表大会（Ｋｏｎｇｒｅｓ）であった。この大会には、闘争協議会に参加しているすべての村から代表約一五〇人と支援

ＮＧＯ関係者が参加した。日本側の参加者は、大口弁護士、鷲見代表と二人の事務局員、「ニンジャ」の久保氏の合計五人である。

また、この大会にはジャカルタやスマトラ現地の新聞・雑誌やテレビ・ラジオ局の記者が詰めかけた。日本からも、ＮＨＫとＴＢＳのテレビ取材チームやフリーランスの記者が参加した。

大会では大口弁護士と鷲見代表が発言し、共に闘う決意を表明する。議論の結果、マスルル・サリム議長とイスワディ事務局長を中心とした「住民闘争協議会」の執行役員人事と日本で裁判闘争を行う方針が満場一致で承認された。大会以降、裁判準備の活動は一気に加速し、わずか三カ月後の二〇〇二年九月五日に第一次提訴（原告三八六一人、東京地裁）が、それから六カ月後の二〇〇三年三月二十八日には、第二次提訴（原告四五三五人と「ワルヒ」、同地裁）が行われた。

このように、日本の弁護士・支援者とインドネシアの被害者住民・ＮＧＯの相互訪問と交流の深化を通じて、双方の〝ＯＤＡ被害を許さない〟という意思が重なり合い、増幅しあいながら日本の裁判所への提訴に結実していったのである。

２　「村ぐるみ」の決起

住民代表大会終了後、その会場で委任状作成作業に関する入念な打ち合わせが行われた。具体的な作業は、「タラタク協会」を中心としたＮＧＯの活動家と、「ＫＢＨ」ブキティンギの弁護士たちが行うことになった。そして、久保氏が日本の弁護士とインドネシアの委任状作成作業チームとの連絡調整にあたることになった。彼は、第二次提訴までの間、数次にわたって現地と日本を往復し、長期間作業チームと行動を共にして委任状集めをサポートした。

アデル・ユシルマン弁護士が七月末に来日し、大量の委任状を持参した。その数は四〇〇〇人近くであった。「支援する会」事務局員や「ニンジャ」スタッフは、裁判所に提出する「原告当事者目録」を作成するため、弁護士の指導の下ですべての委任状をチェックし、不備なものを除いて準備を整えた。その数は三八六一人になった。

ＪＢＩＣの資料によれば、ダムによる水没のため強制移転を余儀なくされたのは、一〇カ村（西スマトラ州二村、リアウ州八村）四八八六世帯のおよそ一万七〇〇〇人とされている（鷲見教授は二万人以上と見積もっている）。この段階でも委任状を提出した住民は、全体の二〇％（鷲見教授の場合）に達していた。そして、二〇〇三年三月二十八日の第二次提訴段階では四五三五人になり、両方を合わせて住民原告総数は八三九六人に達した。これはＪＢＩＣの数字では総人口の五〇％近く、鷲見教授の推計数でも四〇％近くになる。

成人のほとんどが裁判に参加したことになり、まさに「村ぐるみ」と言っても過言ではない。現地に行ったことがない日本人から見れば、信じられない数字であるが、これは事実であった。現地を訪れた弁護団や「支援する会」事務局員は、「住民闘争協議会」が各村で開催する住民説明会に立ち会った。村の中央にある集会所や学校、モスクなどには女性や子供も含めて、村のほとんどの住民が集まり、熱心に説明を聞いていた。

ムアラ・タクス村では、村長などの有力者も参加し、移転に賛成する意見を述べたりしたが、圧倒的多数の発言者はみな口々に移転時の約束が反故にされていることへの怒りや、生活の厳しさを訴えた。そして、最終的に移転賛成派は沈黙し、日本での裁判に参加することが確認されていった。

このムアラ・タクス村を含めて、日本側が立ち会った説明会の様子は、「支援する会」がビデオ等で記録・保管している。だからこそ、「村ぐるみ」での委任状が日本に届いても、現地を知る弁護団や「支援する会」事務局員は驚かなかった。むしろ、移転地での生活には、全住民が不満を持ち、日本での裁判に期待を持っていることを確信したのである。

3　招請の意義

八三九六人の外国人原告と一団体（「ワルヒ」）による、十三年以上におよぶ長期裁判は日本の裁判史上空前のものである。それを可能にした最大の要因は、裁判の全期間を通じて、すべての村の原告住民代表とNGOや弁護士などの主要な支援者たちを日本に招き、裁判傍聴や法廷での証言、支援連帯集会などでの激励を継続したことにある。

インドネシアから招請した人々は次の通りである（敬称は略す）。まず、第一次提訴（二〇〇二年九月）に招請した原告住民は、シャムスリ（タンジュン・バリット村）、ウスマン・イマム・ムド（タンジュン・パウ村）、アンワル・ダトゥ・シナロ（タンジュン・アライ村）、アンソリ（ルブック・アグン村）、アブドゥル・アジム（コト・トゥオ村）、アリ・ビラル（ムアラ・タクス村）、アフマット・

第１次提訴前の集会（東京地裁前、2002年９月５日）

ペーゲー（ムアラ・マハット・バル村）、アムサル・フィトラ（ポンカイ・バル村）、ムクタル・ルトフィ（グヌン・ブンス村）、ナジユアン（ポンカイ・イスティコマ村）、サム・バクリ（タンジュン村）、イドリス（バルン村）、マスルル・サリム（コトパンジャン・ダム被害者住民闘争協議会議長、タンジュン・パウ村）の一三人で、支援団体からはアデル・ユシルマン（「ＫＢＨ」ブキティンギ、弁護士）、イマン・マスファルディ（インドネシア教育・法律扶助協会、ＹＰＢＨＩ）、サンドラデ（「ワルヒ」西スマトラ州）、ロニー・イスカンダル（「タラタク協会」）の四人が同行した。

第二次提訴（二〇〇三年三月）には原告住民のアブラル・ダトゥ・サンソ（バトゥ・ブルスラット村）、アドナン・ボイ（コト・ムスジッド村）、アフィトリ（ラナ・スンカイ村）、タウフィック・ヒダヤ（コト・トゥオ村）の四人と支援団体から、スムンダワイ（市民による調査とアドボカシー機関、ELSAM、弁護士）、リダハ・サレ（「ワルヒ」全国委員会）、マピリンド・アンワル（「タラタク協会」）、アルフィアヌス（「KBH」ブキティンギ、弁護士）の四人が同行した。

地裁の口頭弁論段階では、第一回（二〇〇三年七月三日）に、原告のイスワディ・AS（「住民闘争協議会事務局長、タンジュン・パウ村）と支援団体からハイリル・シャ（「ワルヒ」全国委員会、弁護士）、ジョニ・ウユン（「タラタク協会」）の合計三人を招請した。

第二回（二〇〇三年九月十一日）には、原告のアミル・マアン（タンジュン・アライ村）、ロハナ（ムアラ・タクス村）とアルフィアヌス（「KBH」ブキティンギ）の合計三人。

第三回（二〇〇三年十月九日）は、原告のシャムスリ（前掲）と支援団体からジョンソン・パンジャイタン（「ワルヒ」全国委員会、弁護士）、アリ・フシン・ナスティオン（「KBH」リアウ、弁護士）の合計三人。

第四回（二〇〇三年十一月十三日）は、原告サイダン（タンジュン・パウ村）、サムシナル（バトゥ・ブルスラット村）と支援団体からジョンソン・パンジャイタン（前掲）、イマン・マスファルディ（前掲）、ジョニ・ウユン（前掲）の合計五人。

第五回（二〇〇三年十二月十一日）は原告アブドゥル・アジム（前掲）と支援団体からイフダル・カシム（ELSAM）、ロニー・イスカンダル（前掲）の合計三人。

第六回（二〇〇四年一月二十二日）は、原告アリ・ビラル（前掲）と支援団体からジョンソン・パンジャイタン（前掲）とアルフィアヌス（前掲）の合計三人。

第七回（二〇〇四年三月十一日）は、原告アーエス・ダトゥ・ムド（タンジュン・パウ村）、支援団体からアリ・フシン・ナスティオン（前掲）、リダハ・サレ（前掲）の合計三人。

第八回（二〇〇四年七月二日）は原告マスルル・サリム（前掲）とイスワディ（前掲）の合計二人。

第九回（二〇〇四年七月三十日）はイスワディ（前掲）。

第一〇回（二〇〇四年九月十七日）は招請無し。

第十一回（二〇〇四年十月二十二日）と第十二回（二〇〇四年十二月十日）は、支援団体からイエニー・ロサ・ダマヤンティを連続して招請。

第十三回（二〇〇五年一月二十七日）から第十八回（二〇〇五年九月十六日）までは招請無し。

第十九回（二〇〇五年十月十七日）に原告アーエス・ダトゥ・ムド（前掲）と学者証人としてグスティ・アスナン（国立アンダラス大学教授）の合計二人。

第二十回（二〇〇五年十一月十七日）にエム・ラサド・ダトゥ・バンダロ・サティ（バトゥ・ブルスラット村）。

第二十一回（二〇〇六年二月九日）は原告シャムスリ（前掲）とワルディア（コト・トゥオ村）の合計二人。

第二十二回（二〇〇六年三月九日）は、原告マルリス（コト・ムスジッド村）とザキルマン（ルブック・アグン村）の合計二人。

第二十三回（二〇〇六年四月二十七日）は原告アミル・ベー（バトゥ・ブルスラット村）と支援団体からリダハ・サレ（前掲）の合計二人。

第二十四回（二〇〇八年五月二十九日）は招請無し。

第二十五回（二〇〇八年九月十一日）は原告アブドゥル・カリム（「住民闘争協議会」議長、コト・トゥオ村）とイスワディ（前掲）の二人。

地裁判決日（二〇〇九年九月十日）には原告イスワディ（前掲）とジュナイディ（「住民闘争協議会」立法部議長、バトゥ・ブルスラット村）と自然原告「ワルヒ」のベリー・ナフディアン・フォルカン全国委員長の合計三人。

以上が地裁段階での招請者である。

次に控訴審では、第一回口頭弁論（二〇一一年三月二日）に控訴人アリ・アムラン（タンジュン・アライ村）を招請。第二回（二〇一一年六月二十二日）には控訴人イスワディ（前掲）。第三回には控訴人ヘルマン（タンジュン村）を招請し、判決言い渡し日（二〇一一年十二月二十六日）には、控訴人アブドゥル・カリム（前掲）とムヌール・サチャハプラグ（「ワルヒ」全国委員会、弁護士）を招請した。

総計七一人にもなった招請者の内訳は、住民原告が四四人、支援ＮＧＯ関係者一三人、弁護士一三人、専門家証人一人（いずれものべ数）であった。これには非常に多額の経費（航空運賃だけでも一千万円近くになる）や通訳者をはじめとする人的なサポートを必要とした。

こうした困難があったのだが、取り組んで得られた効果は非常に大きかった。来日した人々がこの裁判の当事者意識を強く持ち、帰国後は「住民闘争協議会」のリーダーや強力な支援者として積極的に活動するようになったからである。弁護団による被害実態調査への協力、地裁判決を踏まえた控訴の意思決定、そして、最高裁への上訴段階での損害賠償請求額の変更と裁判終結の合意など、極めて重要な判断への同意が円滑に行われることになったのである。

4 画期的な住民の闘い

インドネシア国内における「住民闘争協議会」の重要な闘いは、二〇〇四年十二月九日に行われた首都ジャカルタでのデモと、二〇〇六年八月二十一日に日本の国会議員の訪問に合わせてダムサイトで開催された住民集会（五〇〇〇人以上）であった。

住民たちによるジャカルタの日本大使館への要請行動はダム建設前の一九九一年九月四日以来、実に十三年ぶりのことであった。この行動に参加した住民代表は一八人で、内訳は原告たちが生活する一五カ村の代表と「住民闘争協議会」の役員三人である。

彼らはスマトラ島から丸二日間、バス（途中でフェリー使用）に揺られてジャカルタに来た。その往復の交通費と食費や宿舎などを提供してくれたのは、「ビナ・デサ」というインドネシア有数の農民組織であった。そして、デモ終了後の国会議員との面会を設定し、主要なマスコミへの取材依頼などを担当したのは、イェニー・ロサ・ダマヤンティ氏であった。すでに書いたが、彼女はスハルト独裁政権の弾圧が厳しかった一九九〇年から、「ＳＫＥＰＨＩ」（インドネシア森林保全ネットワーク）の一員としてコトパンジャンの住民支援を行った活動家である。日本での裁判提訴を知り、原告住民への支援を積極的に申し出てくれた。

インドネシア側でこのような準備が整えられた段階で、「住民闘争協議会」のイスワディ事務局長から「支援する会」もぜひこの取り組みに参加し、自分たちの闘いを記録して日本の支援者たちに伝えてほしいという連絡があった。急な要請であったが、この行動の重要性は明らかであったため、鷲見代表と事務局長の遠山勝博がこの闘いに立ち会った。

当日のデモの先頭には、「日本はコトパンジャン住民の生活を破壊した」と大書された横断幕が掲げられ、そのあとに「JBICはインドネシアの新たな占領者だ」、「日本国民とインドネシア国民はともにODAに反対しよう」、「円借款の支払いを拒否しよう」などのプラカードを持ったコトパンジャン住民代表とジャカルタで活動する様々な運動団体の支援者たちが続いた。

正装して裁判に臨んだラサド氏（東京、2005年11月）

若者や子供連れの女性

も交じる参加者たちは、闘争の歌を歌い、スローガンを叫びながら、「歓迎の像」がある観光名所の大ロータリーから日本大使館まで、幅五〇メートル以上あろうかというタムリン通り（ジャカルタ中心部の目抜き通り）を元気に行進した。日本大使館は、周囲に立ち並ぶ高級ホテルや大企業のオフィスビル、巨大なショッピングセンターなどを圧倒する「要塞」のような威容であり、幅の広い歩道には大勢の警官が立ち並んでいた。

デモ隊の到着が遅れて昼休みに入っていたため、交渉は困難かと思われたが、意外にも大使館ナンバースリーの参事官が数人の職員を従えて玄関前に待機していた。その場で七項目の声明文を手渡し、会談を求めたところ、参事官は「住民闘争協議会」のマスルル・サリム議長とイスワディ事務局長を館内に招き入れて会談に応じた。

声明文は以下の通りである。

(1) 日本政府はダム建設の結果起こってしまった私たちコトパンジャン住民の社会・経済、または文化的な生活の崩壊に対して責任を取らなければならない。

(2) 日本政府は、コトパンジャン住民の生活を元に戻すためのすべての努力を行う義務がある。

(3) 日本政府は日本の裁判所において、コトパンジャン・ダム建設のプロセスで住民全員と協議し、合意を得たと公に嘘をつかないことを要求する。

(4) 日本政府はインドネシア国内問題だということで、この問題から手を引いてはならない。日本政府からの借款がなければ、コトパンジャンにおけるダムは存在しなかったし、住民の生活も今のように崩壊しなかった。

ジャカルタの日本大使館への要請（2004年12月9日）

(5) 日本政府は、日本の裁判所を通して提出されている被害者住民の要求、すなわちこのコトパンジャン・ダムが建設されて以来、住民が受けてきた精神的および物質的な被害への補償として、一人につき五〇〇〇万円の補償を与える義務がある。

(6) 日本政府はコトパンジャン・ダムを撤去すべきである。

(7) 日本政府は、インドネシアに対してコトパンジャン・ダム建設のために利用された借款を払う義務を免除しなければならない。その借款は明らかに支払う必要のない、汚い借款というカテゴリーに入る。

二人は以上の要求項目を説明し、参事官に対して日本政府に伝えることを約束させた。交渉の間、デモ隊は大使館前の広い歩道でマイクを使った集会を続けたが、その様子は混雑する道路を通るバスの乗客や乗用車のドライバーから注目を浴びたのである。

大使館での行動の後、住民代表たちはジャカルタの支援者たちと別れて国会に移動し、イェニー氏の仲介でスマトラ出身の国会議員四人と面談した。議員たちはテーブルマイク設備を備えた立派な会議室を準備し、住民からの要望を熱心に聞いてくれた。また、鷲見代表もここで意見を述べる機会を与えられ、裁判の現状を説明するとともに、日本政府が「外交機密」や「インドネシア共和国政府の同意」を盾に公表を拒んでいる借款契約などをインドネシア側で公開請求してほしいと要望した。

この行動の一部始終は現地の「メトロTV」や「テンポ」紙などの有力なマスコミが取材し、テレビニュースや新聞で報道された。この報道により、コトパンジャン・ダム裁判はインドネシアの全国民が知るところとなったのである。

5　日本の国会議員の現地調査

このデモから一年八カ月後、日本の国会議員がコトパンジャンを訪れた。これは、「参議院改革の一環として、ＯＤＡ経費の効率的運用に資するため」（参議院ホームページより）、二〇〇四年度から開始された議員派遣である。第三回目の調査派遣になる二〇〇六年は、全体で四班が編成され、第二班がコトパンジャンを訪れた（八月二十一日）。このグループの団長は鶴保洋介議員（自民）で、柏村武明（自民）、白眞勲（民主）、前川清成（民主）、大門実紀史（共産）の四人の参議院議員が班員として参加した。

この訪問が行われることを知った「支援する会」は、現地に事務局員を派遣し、「住民闘争協議会」と支援してくれているNGO（「ワルヒ」リアウや「KBH」リアウなど）に日本の国会議員が訪問することを連絡した。「住民闘争協議会」執行部は、自分たちが何もしなければ、日本の国会議員たちはダム建設「賛成派」の村長に会って帰ってしまうことになると判断した。

そこで、直接被害状況を訴えるため、裁判に参加している一五カ村すべての役員に連絡し、出来る限り多くの原告住民たちとともに、訪問予定場所に集まるよう要請したのである。その結果、各村の住民たちはお金を出し合ってトラックなどを雇い、早朝からコトパンジャンの「入口」にあたるダムサイト近くの村に集合した。

訪問した「支援する会」事務局員は、住民集会には関与せず議員訪問の前日に現地を退去した。そのため、当日の様子を目撃することはできなかった。読売新聞の記者が取材していたのだが、その記事は日本で報道されなかった。

以下は、住民集会を支援した現地NGO関係者から後日に受けた報告と、議員団の帰国後に参議院のホームページに掲載された「第3回参議院政府開発援助（ODA）調査派遣報告書」の「第2章　タイ王国、インドネシア共和国、シンガポール共和国班報告」（以降、「班報告」とする）に基づくものである。

実際の調査の様子は、「班報告」の「Ⅲ・インドネシア共和国における調査」の「第3　調査の概要」の「(4)現況等」（九八ページから一〇三ページ）において詳細に記述されている。これによれば、議員団が現地へ向かう車中で「反対派の住民一二〇〇人が村役場に集結しているとの情報が入った」ため、「御自身も訴訟に加わっていると言われるコトムスジット村村長宅を訪問し（注：

現地視察の日本の国会議員への訴え（2006年8月21日）

後刻、同村長が訴訟には参加しておらず、賛成派であることが判明した）、意見を聞いた。その後、反対派住民のデモ隊はダムサイトに向かい、そこで集結しており、危険であるとの情報が入った。しかしながら、本議員団は反対派の住民からの意見も聞き、要望書の提出があればそれを受け取ることとしていたので、危険を理由に反対派住民の意見も聞かずにジャカルタに帰ることはできなかった」とある。

さらに、「日本政府が、コタパンジャンダムを通じてのカンパル郡の発展に貢献していただいていることに感謝したい」と発言したコト・ムスジットの村長に、ＪＢＩＣが雇っている現地コンサルタントが現金一〇万ルピアをこっそり支払っているのを議員団が発見し、その場で厳しく糾したことも記されているのである。

議員たちの要求でダムサイトに集まった「三〇〇〇～四〇〇〇人ぐらい」（支援したＮＧＯによれば五〇〇人以上）の住民たちの代表者と議員団との面会が実現した。面会はまったく混乱なく開催され、「六つの村の反対派住民の代表から約三〇分意見を聞き、要望書を受け取った」（「班報告」）。

発言した六人の意見は、飲料水の不足、アスベストの屋根への不安、一〇％程度しか機能していない畑や農園など、移転時の約束不履行による深刻な生活面・健康面での被害実態を訴えるものであった。そして全員が、議員団に直接村に来て実態を見て、その解決を日本とインドネシアの政府に働きかけてほしいと訴えたと報告されている。

また、その場で議員団に手渡された「要望書」全文の仮訳も「班報告」に掲載（一〇二ページ、一〇三ページ）されている。その「本文」と要求項目は次の通りである。

「我々、一三〇〇〇人のコタパンジャン住民は、『コタパンジャン』大規模ダムの建設のために故郷から強制的に追い出された。祖先の墓、伝統の象徴である『ルマガダン（訳注：地域の伝統的家屋）』、肥沃な農園は水没した。今では、石ころだらけの痩せた土地に、アスベストの屋根の付いた家に住み、清潔な水の施設もなく、雨水を飲む生活を余儀なくされている。今日、日本の国会議員とインドネシア共和国政府の代表の前において、我々は以下の四カ条を要求する。

１　我々の生活を元に戻せ（コタパンジャン・ダム被害者の生活の回復）。
２　日本の国会が日本の裁判所における我々の要求を全面的に支援するように。
３　日本政府は、インドネシア共和国政府に二度と円借款／外国債務を与えるな。
４　日本政府は、外国債務を通じたインドネシアの植民地支配をやめろ。

以上は、我々の生活の継続と将来の子孫のために注意を払われ実行されなくてはならない」

このような住民たちの訴えを聞き、「要望書」を受け取った派遣議員団を代表し、鶴保団長は「一つだけ信じてほしい。日本は住民が望まない事業を行うことはない。皆さんのお話は日本に帰って関係機関に伝えたい」と答えた。後日、「支援する会」は現地のNGOや、この調査に参加した白議員、大門議員などから話を聞き、「班報告」が客観的な事実の報告書であることを確認した。

振り返ってみると、この二つの住民の闘いは、いずれも第一審裁判の重要な局面で行われている。ジャカルタでのデモが実施されたのは、第一回口頭弁論（二〇〇三年七月三日）から、口頭弁論全体の中間にあたる第十二回口頭弁論（二〇〇六年十二月十日）前日である。この時点まで、ほぼ毎月のように口頭弁論が開催され、インドネシアからは原告住民や支援者たちが毎回、日本に招かれていた。

彼らは裁判所でのやり取りを直接見聞し、自ら意見を陳述し、全国各地で開催された交流会での支援に感激して帰国した。そこから「インドネシアでも全国民に見える闘いを」という機運が高まり、ジャカルタでのデモが実現したのであろう。この闘いによって、第二次提訴以来三年近く途絶えていたインドネシアにおける全国的な報道が行われ、裁判への注目が集まったのは大きな成果であった。

また、参議院議員の現地訪問時に開催された大規模な住民集会と直接的な交渉は、裁判に対する住民の期待の大きさを示すものであった。

「班報告」の〈本件事業に係る訴訟〉の部分（九八ページ）には、「これまで計十七回の口頭弁論および準備的口頭弁論が行われ、現在証拠調べ手続き中である」という記述がある。ここから明らかになるのは、この訪問計画が第十七回口頭弁論（二〇〇五年七月七日）から原告側証人尋問が開始された第十八回口頭弁論（同年九月十六日）の間に策定されたということである。

そして、訪問が実施されたのが原告側の証人尋問が終了した第二十三回口頭弁論（二〇〇六年四月二十七日）後の同年八月二十一日であった。

現地を訪問した日本の国会議員（2006年8月）

6　被害者住民に寄り添った弁護団

この裁判が成立し、最高裁まで継続できたのは、現地に頻繁に足を運び、被害者住民たちに寄り添う、強固な弁護団が形成されたからである。

二〇〇二年九月の第一次提訴では、浅野史生弁護士と古川美弁護士の二人が訴訟代理人になった。その後一〇人の弁護士（大口昭彦、籠橋隆明、河村健夫、奥村秀二、沙々木睦、島村美樹、小島延夫、幸長裕美、稲森幸一、松浦由香子の各氏）が順次加わった。そして最高裁まで代理人を務めたのは七人の弁護士（浅野、稲森、大口、奥村、籠橋、河村、古川の各氏）であった。

貧しい原告たちには代理人への着手金を支払う能

力がなかったため、「支援する会」がカンパでそれを賄った。しかし、それ以降の弁護団の活動については、最初から最後までほとんど「手弁当」に近い状態であった。それどころか、共立法律事務所（大阪）や名古屋E&J法律事務所（名古屋）、港合同法律事務所（東京）、銀座東法律事務所（東京）は、会議室や委任状の整理・保管場所の提供などでこの裁判を支えていただいた。このような弁護団がいなければ裁判を開始することすらできなかったであろう。

では、この裁判において弁護団はどのような活動を行ったのかについて、「支援する会」のサイドから振り返ってみたい。

この裁判で弁護団が最も重視したのは、裁判所に、強制移転による被害事実を認定させることであった。しかし、その報告書を作成することや原告たちに裁判所で証言してもらうことは極めて困難であった。原告たちが住むコトパンジャン地域へは、インドネシアの首都ジャカルタで一泊し、翌日に国内線の飛行機でスマトラ島のプカンバル（リアウ州の州都）かパダン（西スマトラ州の州都）に飛び、そこから自動車で四時間ないし八時間近くかかる。そして住民たちが山手線内の面積に匹敵する広大なダム湖周辺の一五カ村に分散して居住しているため、さらに移動時間がかかる。東京や大阪からだと、目的の村まで片道二日かかる遠隔地なのである。

それればかりではなく、村ごとに被害実態が異なっているため、すべての村を調査する必要があった。多忙のため、短い滞在時間しかとれない弁護士たちは、お盆や正月の休暇を利用して繰り返し現地を訪問した。そして、すべての村を回って原告住民からの聞き取りを行い、ゴム農園や油ヤシ農園、井戸、住居などの生活実態を調査し、被害実態の報告書を作成したのである。また、

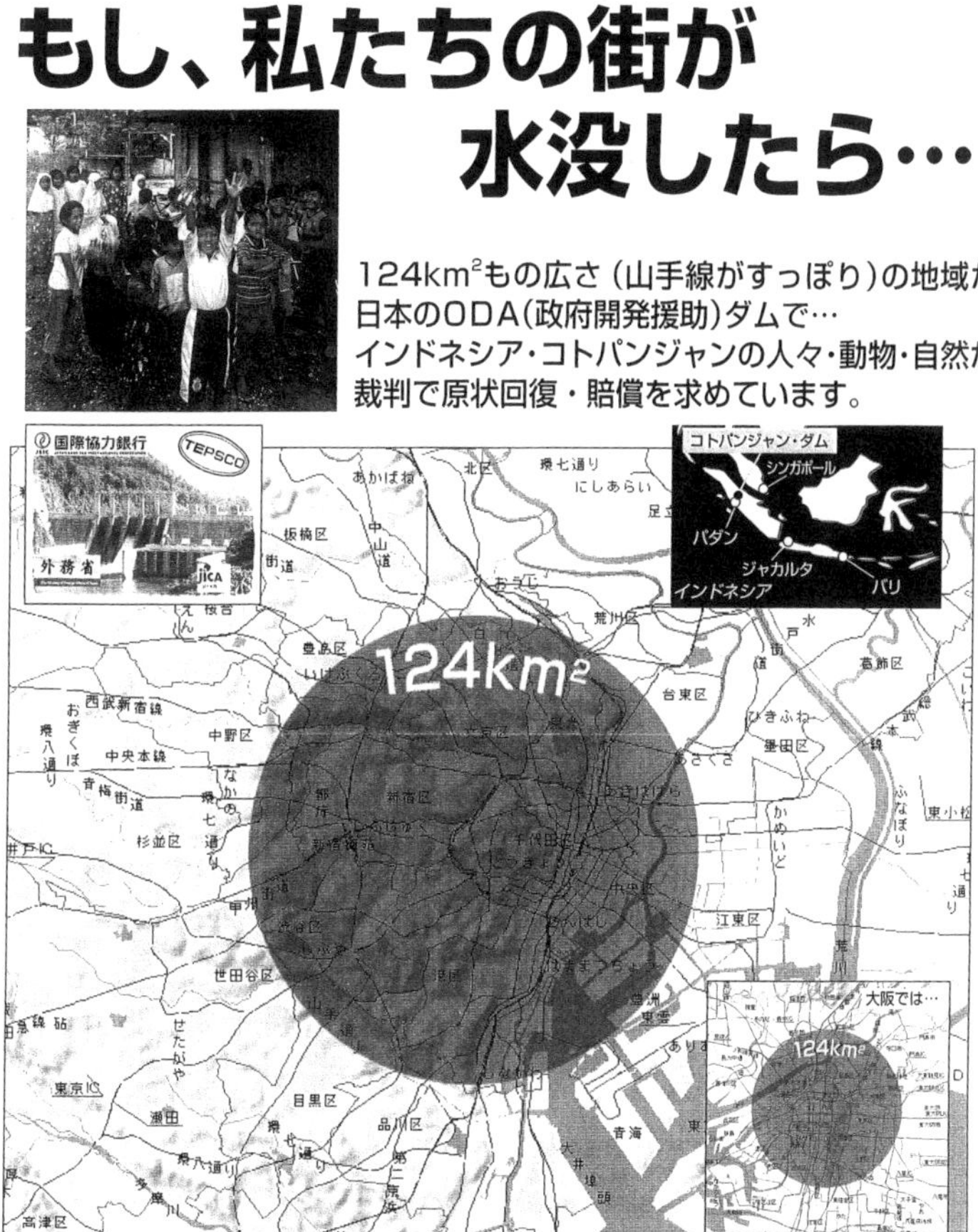

もし、私たちの街が
水没したら…
124km²もの広さ（山手線がすっぽり）の地域が
日本のODA（政府開発援助）ダムで…
インドネシア・コトパンジャンの人々・動物・自然が
裁判で原状回復・賠償を求めています。

「支援する会」のフライヤー

証言準備のための聞き取り（バンキナン、2005年6月）

初期の段階では弁護士はブキティンギのホテルに滞在して村との間を往復していたが、後期になると時間を節約するため、「支援する会」のメンバーと一緒に村に泊まり込んで活動するようになった。

　彼らの真剣さとプロ意識をまざまざと見せつけられたのは、二〇〇五年六月の現地訪問であった。この時は三人の弁護士（奥村、幸長、沙々木の各氏）が参加した。そして、各村での聞き取りを踏まえて選んだ証人候補者を一カ所に集めて、適任者を絞り込むためのテストを行った。会場は、ダムサイトに近い、バンキナンの町にあるエアコンが利かない「ホテル」の「大会議室」である。

　この「過酷」な作業環境の下で、テストは難航した。移転から相当な年月が経過しているので、記憶を思い起こして整理するのに時間がかかった。さらに対象者の多くが、インドネシア語を十分理解できない高齢者であったことも難航の原因であった。正確な聞き取りを行うためには、彼らが普段使用しているミナンカバウ語の現地通訳者を日本人通訳者に加えた二重通訳が必要だったのである。

このように通常は考えられない条件の中で、三人の弁護士たちは質問役と記録役を交代しながら、対象者に対する質疑応答を繰り返した。一人の対象者に対するテストが半日近くに及ぶこともあり、日本人通訳者が疲労のため「通訳不能」になることも度々あった。その都度、通訳者を叱咤激励し、汗を流し、蚊を追い払いながら丸二日間をカンヅメ状態でテストをやり遂げたのである。

同行した事務局員にできたのは、待機している証人候補の住民の世話と、水やお菓子、果物などの飲食物や足りない作業用物品を買い揃える程度であった。弁護士たちの真剣な作業ぶりに完全に脱帽するとともに、翻って自分自身のこの裁判にたいする姿勢を問いなおす機会にもなった。

このような調査活動に加えて、弁護士たちは、訪問の度に「住民闘争協議会」が開催する各種ムシャワラ（地域単位や村単位の会合）にも積極的に参加した。その中で、裁判の進捗状況を説明し、すべての質問に相手が納得するまで丁寧に答えてくれた。また、現地のＮＧＯの活動家やインドネシア人弁護士たちとも訪問の度に会合を持ち、裁判への支援を要請し続けたのである。

裁判の終了までに、一〇人以上の弁護士が三二回にわたって現地を訪問した。そして、中心的な役割を果たした浅野弁護士と奥村弁護士の訪問は、それぞれ一〇回以上にもなった。このような弁護士の頻繁な訪問は、原告住民や現地の支援者たちに対して大きな影響を与えた。原告たちは日本の弁護士から直接説明を受けることで、裁判の当事者意識を高めることができ、現地のNGOや弁護士たちはこの裁判支援の意義を再確認することができたからである。そのため、今でもわれわれが現地を訪問すると、「アサノ」、「オクムラ」の名前が多くの人の口をついて出てくる。

もう一つ付記しておきたいのは、弁護団は裁判の勝利を最優先し、「支援する会」内部でさまざまな意見対立が発生した際にも常に一致した行動をとり続けたことである。一貫して被害者住民の立場に立ち、真摯に裁判に取り組んできた弁護団がいたからこそ、十三年におよぶ長期の裁判が貫徹できた。コトパンジャン裁判弁護団の活動は、日本の裁判史上、特筆すべきものとして記憶されるべきである。

7　次々と現れた通訳者

この裁判にとって必要不可欠だったのは、インドネシア語の通訳者であった。英語などと比べてインドネシア語を通訳し、専門用語が多い文書を翻訳できる日本人は圧倒的に少ない。さらにその中で、日本のODA被害を問う裁判をボランティアで応援してくれる通訳者は、ほとんどゼロに近い。また、日本の裁判史上空前の八三九六人という原告たちは、首都ジャカルタから遠く離れたスマトラ島中部に住む少数民族ミナンカバウの人々であり、高齢者にはインドネシア語も十分理解できない人が多い。彼らと十分なコミュニケーションをとるためには、ミナンカバウ語を使いこなせる現地のNGOスタッフの協力が不可欠であった。

このような困難な条件はあったが、裁判の過程では多くの通訳者の方々に協力していただいた。その中で、まずお名前を挙げなければならないのは、インドネシア民主化支援ネットワーク（ＮＩＮＤＪＡ）の久保康之氏である。

彼は「地球の友」のスタッフとしてコトパンジャン・ダム問題へのかかわりを開始し、その後、インドネシアの大学に留学してからは何度も現地を訪問し、被害実態の調査と研究を行ってきた。特に、西スマトラ州のタンジュン・パウ村に長期滞在する中で住民たちと深く交流し、信頼関係を築いていた（詳しくは一八四〜一八八ページを参照）。この現地住民との信頼関係があったからこそ、彼はインドネシア語の有能な通訳者のみならず、現地と日本をつなぐ「キーパーソン」の役割を果たしたのである。

彼は日本と現地を何度も往復しながら、日本の弁護団と原告住民との話し合いのすべての場で通訳をおこなった。また、「ＫＢＨ」ブキティンギの弁護士たちと日本の弁護団との間の連絡・調整を行い、膨大な数の委任状提出と訴訟救助の申し立てに関する現地での作業を完了させた。

さらに、被害実態調査や住民の組織化を担当した「タラタク協会」などの現地ＮＧＯとの調整を行い、裁判準備から提訴までの過程では、多数の原告住民や支援者の来日手続きを一手に引き受けてくれた。彼の奮闘がなければ、この歴史的な裁判を立ち上げることはできなかったといっても過言ではない。

次にお名前を挙げるのは「支援する会」事務局員の坂井美穂氏である。彼女が裁判の支援に加わってきたのは、第二次提訴（二〇〇三年三月）の時であった。当時は大阪外国語大学（現大阪大学外国語学部）のインドネシア語学科に在学中であり、まだ十分に通訳や翻訳ができる状況ではなかった。しかしその後、彼女はコトパンジャン問題を自身の研究課題に決め、ブキティンギに事務所を置く「タラタク協会」に長期滞在した。

彼女は、「タラタク協会」のスタッフとともにコトパンジャンに通いながら、研究と併行して裁判への支援活動を本格化させたのである。以降、彼女は弁護団と「支援する会」スタッフの現地訪問時に通訳を務め、原告住民・支援者らが来日した際のアテンドや通訳を行ってくれた。さらに、裁判に必要なインドネシア語の文献等の翻訳なども担当した。

彼女は、支援活動を退いた久保氏に代わって、現地と日本をつなぐあらゆる活動を担うようになった。それは裁判終結後の現在も続いている。坂井氏もまた、この前例のない長期裁判を支えた有能な通訳者であるとともに、現地と日本をつなぐキーパーソンなのである。

この二人に加えて、インドネシア在住の日本人にも現地でのさまざまな局面において通訳などをかっていただいた。

以上の三人のほかに、通訳者として裁判の初期にお世話になったのが、佐伯奈津子氏、北野正徳氏、小池誠氏であり、高裁段階では鈴木隆史氏などにお世話になった。

裁判の開始当初（二〇〇二年九月）では通訳者・翻訳者が圧倒的に手薄な中、本当に裁判を続けていけるのか不安であった。しかし、次々と支援者が現れ、裁判上の大きなトラブルを生むことなく、最高裁決定（二〇一五年三月四日）までの十三年余の長期裁判を闘うことができた。

このことを振り返る時、いつも思い出すのは「正しい闘いをしていれば、必ず協力者は現れるものだ」という籠橋隆明弁護士の言葉である。

8 「何とかする、何とかなる」で乗り切った事務局

長期にわたる裁判を支えてきた要因を整理してきたが、最後にわれわれ「支援する会」事務局の活動について報告しておきたい。

通訳する久保康之氏〈東京、2003年10月〉

私（遠山勝博）自身は二〇〇一年五月に鷲見一夫教授と一緒に現地を訪問した人たちに乞われてコトパンジャン問題に関わるようになり、同年十二月の「支援する会」発足時に事務局長に選任され、現在に至っている。

就任当時は四十八歳であり、大阪市の地方公務員として福祉現場で働き、「働く青年の全国交歓会」（現在は「平和と民主主義をめざす全国交歓会」）の自治体労働運動分野のスタッフと

して活動していた。ODA問題に関しては、学生時代に『死を招く援助』(ブリギッテ・エルラー著)や『ODA援助の現実』(鷲見一夫著)、『エビと日本人』(村井吉敬著)などの入門書を読んでいた程度であった。要するに、組織を動かす経験は積んでいたが、全く「畑違い」の分野に飛び込んだわけである。こんな私にとって、事務局の運営は戸惑うことばかりであった。

発足総会で採択された会則は、目的、会費、「ニュース」の発行、代表と事務局の設置、「全体会」開催(年一回)の五項目を簡潔に規定したものである。事務局の役割は、会の目的である「コトパンジャン・ダム建設による被害者住民を日本国内から支援する」(第一条)ため、「日常的な運営にあたる」(第四条)と定められていただけである。会がどのような活動をしていくのかが見えない中、鷲見一夫代表や弁護団から要請される仕事(例えばパンフレットの発行や会議日程の調整など)をこなすだけの役割であった。

その後、裁判が「支援する会」の主要な活動になるのに伴い、だんだんと事務局の果たす役割が明確になっていった。その主な役割を①裁判闘争を支える資金の確保、②「住民闘争協議会」との直接的なコミュニケーション確立・強化、③弁護団と緊密に連携した裁判支援活動の三項目に分けて報告する。

裁判の全期間を通じて、事務局の最重要課題は必要な資金の調達であったといっても過言ではない。

二〇〇二年五月に関西空港からジャカルタへ向かう飛行機の中で、同席した大口昭彦弁護士から「この裁判はお金との闘いになりますよ。しっかりやってください」と言われた。当時は格安航空券が普及してなかった頃だったので、旅費が高いからそういわれているのかなという程度の受け止めだった。しかし、裁判が本格化し、数十万、数百万単位の資金が必要になるたびに、この言葉の重みが身にしみてわかるようになった。

最初に「お金との闘い」の強烈な洗礼を受けたのは、第一次提訴の時だった。この時は住民原告一三人と支援者四人を日本に招き、東京、大阪、神戸、広島、福岡、宇都宮、名古屋、京都で提訴報告集会を開催することになっていた。

この方針を実現する必要性は理解したが、必要経費の見積もりは五〇〇〇万円近くになり、どう資金を調達するかで頭を抱えた。しかし、事務局長という立場上「やるしかない」と腹をくくり、事務局で徹底的に討議した。そして、「三〇〇〇万円カンパ」を呼びかけるとともに、全国キャンペーンの費用は会場ごとに独立採算とし、事務局員は原則「手弁当」でアテンドするなど、経費を徹底的に節約することを決定し、一丸となって取り組んだ。

その結果、二〇〇〇万円近くのカンパが集まったのだが、予想外だったのは、各地の報告集会に総計六〇〇〇人近くの人々が参加し、カンパ総額が六〇〇万円近くになったことである。不足したお金は、協力団体や主要な事務局員からの借り入れで賄うことができた。

事務局員は、この貴重な経験を通じて裁判に対する大きな支援の広がりを実感し、困難でも正面から支援を訴えれば「お金との闘い」を乗り切っていけるという見通しを持つことができたのである。

その後も間断なく求められた原告・現地支援者の来日費用や、どうしても必要な裁判上の費用

口頭弁論前の宣伝行動（東京地裁前、2003年10月9日）

（上訴委任状作業や最高裁段階での印紙代など）の調達について、「何とかする、何とかできる」という前向きな姿勢で取り組み、達成することができた。

もちろんそれが可能になったのは、裁判開始から長期にわたって会を支えていただいた会員の皆さんと、物心両面で力強い支援を続けてくれた諸団体のおかげである。「支援する会」の年会費は四〇〇〇円（裁判終了後は三〇〇〇円）で、人権問題や環境問題などに取り組む他の団体より高額である。さらに会員の皆さんには、二〇〇三年九月の「連帯基金」（目標額一〇〇〇万円、一口五万円）から最高裁での印紙代（四一万円）まで、ほぼ毎年カンパを呼びかけてきた。約二〇〇人の会員の皆さんが、その呼びかけにこたえ続けてくれたのである。

また、支援団体では「平和と民主主義を

めざす全国交歓会」が「支援する会」発足当初から、途切れることなく人的・財政的な支援を続けてくれた。「自然の権利基金」は、二〇〇八年から二〇一二年にわたり、裁判費用に目的を限定した多額の支援を行ってくれた。この二団体に加え、訴状や「国際協力銀行（JBIC）の援助効果促進調査（SAPS）中間報告書」など、裁判の意義を広く知らせることに役立った各種の翻訳パンフレットの出版を快く引き受けてくれた（株）耕文社（藤田敏雄社長：当時）も、有力な支援者であった。

9 「意見対立」を乗り越えて

現地訪問を積み重ねて「住民闘争協議会」と直接的な結びつきを確立し、コミュニケーションを維持強化することは事務局の重要な活動であった。これは、被害者住民への経済的な支援をめぐる日本側での意見対立と、同時期にインドネシア側で発生した「住民闘争協議会」の組織運営をめぐる対立の克服過程で築き上げられた独自の活動である。

住民への支援についての意見対立は、地裁への提訴が完了し、本格的な口頭弁論が進んできた段階（二〇〇四年四月の第三回総会以降）で表面化した。幹事会などで話し合いが積み重ねられたが、意見が一致せず、二〇〇五年四月の第四回総会で一部の幹事が「支援する会」を離れることになった。それは一時的に、インドネシア語の通訳者の不足や支援団体間の協力関係に問題を生み出した。しかし、弁護団と事務局は裁判の継続強化を最優先し、緊密に連携して行動する中で問題は克服されていった。

また、同じ時期に、インドネシアでは「住民闘争協議会」の執行部とその組織運営に関与するNGOとの対立が深まった。対立点は、NGO側が執行部の人事権を握っていることであった。第一回大会（於パダン、二〇〇二年五月）から三年を経て、「住民闘争協議会」は大多数の村の多数派を占め、役員たちは行政組織に並ぶ有力な位置を占めるようになっていた。

彼らは、自分たち自身で意思決定し、直接日本の「支援する会」とつながることを要求したのである。そこで執行部は、大会を三年に一度開催するとする規約に基づき、二〇〇五年五月に住民代表大会（Ｋｏｎｇｒｅｓ）を招集した。

コトパンジャンのムアラ・タクス遺跡公園で開催されたこの大会には、インドネシア側のNGOは招待されなかった。外部から正式に招待されたのは、日本の「支援する会」と弁護団の代表だけである。この大会は、パダンでの大会（二〇〇二年）を上まわる規模になった。選挙権を持つ各村の代議員に加えて、村長など行政組織の代表者らが来賓として参加し、近隣の村の原告住民たちが多数傍聴参加した。大会は丸一日かけて行われ、夜にはミナンカバウの伝統音楽劇が披露され、多数の観客が詰めかけた。

この大会の審議の冒頭に、NGOの「指導」から独立する規約改正が決議され、その後の役員選挙の結果、新執行部（ディア・ウディン議長、イスワディ事務局長）を選出したのである。日本の弁護団はこの大会で裁判の状況を説明し、「支援する会」も連帯のあいさつを行った。そして、大会後に持たれた新執行部との話し合いでは、イスワディ事務局長が窓口になり、直接「支援す

歓迎の横断幕（第2回住民大会、2005年5月1日）

る会」と連携して裁判を進めていくことが確認されたのである。

この大会以降、事務局員や弁護士が現地に入った際には、必ず「住民闘争協議会」が主催するムシャワラ（問題を解決するための協議の場）が開催されるようになった。新執行部発足当初は、来日する原告住民のビザの取得（バスで一日がかりのメダンの日本領事館へ行かなければならない）などを、旧来のＮＧＯ活動家たちの助けなしでやれるのか心配していた。初めは様々なトラブルが発生したが、現地に長期間駐在した事務局員の応援を受け、経験を積む中で問題は克服されていった。

現地ＮＧＯを介さない、このようなシステムを有効に機能させるためには、鷲見代表や事務局員の訪問回数や滞在期間を飛躍的に増やす必要があった。事務局長の私は二〇〇五年からの十年間で二四回訪問したが、鷲見代表の訪問回数と滞在期間はそれを上回っている。また、他の事務局員たちも、休暇を利用してみな一回以上現地を訪問している。「支援する会」財政への負担を避けるため、これら事務局員の訪問費用は基本的には「手弁当」にした。個々の事務局員に負担を求めるこのやり方は、望ましいものではなかったが、多額の裁判費用を賄うので精いっぱいの「支援する会」としてはやむに已まれぬ措置だった。このようなやり方が了承されたのは、時間的・経済的な負担を大きく上回る効果が生み出されたからである。

最後に、私と坂井美穂氏以外の事務局員の役割に触れておきたい。首都圏の事務局を担ったのは、斎藤淳氏、山口兼男氏、村地秀行氏である。関西の事務局は三ツ林安治氏、藤井直美氏。そして石橋和彦氏は「会ニュース」第一号（二〇〇二年一月二十五日発行）から第七十二号（二〇一六年十二月二十四日発行）までの編集責任者である。会発足以降の会計担当は、桝田俊介氏が、第四回総会（二〇〇五年四月）から現在までは鳥羽弘美氏である。

事務局は裁判の期間中、月例の会議（スカイプ使用）で情報交換と任務分担の討議を重ね、様々な問題に対処してきた。会議を基軸とした活動の積み重ねで、長期の裁判を支え続けてきた。そして、一致して活動する弁護団を信頼し、その方針に沿って活動したからこそ、名誉ある裁判闘争の一翼を担うことができたと確信している。

（遠山勝博・「支援する会」事務局長）

第4章　現地の困窮は引き継がれている

コトパンジャン地域に住む人たちはミナンカバウ族といわれる。ミナンカバウというのは一つの民族集団であり文化圏である。世界でも有数と言われる母系社会とインドネシア国内でも有数のイスラムが根強く浸透する社会で知られている。また、河川を中心とした生活をおくり、文化を営んでいた彼らは、ミナンカバウの「川の民」といわれていた。

1　母系社会の崩壊がもたらしたもの

ミナンカバウ族は地域ごとに伝統的で自治的な母系制の村落共同体を形成しており、いくつかの母系氏族が集まって村を形成している。子どもは母方氏族に属しており、財産も母方氏族に相続される。

タナ・ウラヤットと呼ばれる彼らの共有地を中心とした土地所有・相続のシステムは彼らの母系制の根幹であった。タナ・ウラヤットは、母系共同体のすべての構成員がアクセス可能なコモンズであり、特に経済基盤が脆弱な人々にとってのセーフティネットであった。

土地に対する意識は彼らの社会の在り方や価値観の基盤にもなっており、土地は彼らのアイデンティティそのものといっていい。ところが、ダム建設に伴う土地収用のプロセスは彼らのアイデンティティを崩し去ってしまった。先祖代々の土地から先祖との精神的なつながりを持たない土地に強制移転させられたことに加え、資産が数値化されて近代的な概念が持ち込まれたためにこれまでの共同世襲資産や自己取得財産といった慣習による区別が意味を失ったからである。

ムアラ・タクス寺院（2016年3月）

モスク（タンジュン・アライ村、1986年）

移転前の共有地には化学肥料の要らない土壌によって豊かな農園、森林が存在していた。習慣に基づく土地制度の崩壊は共有地への意識やその使用方法も壊してしまい、移転後の共有地は非常に限られてしまった。これは、移転地での新世帯に深刻な問題を引き起こすこととなった。親から独立して住む場所も農地も探すことが困難となり、親との同居を続けざるをえない。男性が親との同居を続けることは恥ずべきこととされているので、新世帯は二重三重に困難を抱えることになる。共有地とその概念が失われることは、共同体が若い世代の将来を保障できないことを意味する。それはまた、新村を整備するに際して世帯増や人口増への考慮がされなかったことでもある。

本稿は、移転先での新世帯に焦点を当てながら、開発がもたらした移転先での社会状況を明らかにしようとする調査記録である。新世帯とは、新村における第二世代（移転ジュニア）、もしくは再婚などによって新しく形成された世帯のことを意味する。対象にタンジュン・パウ村およびムアラ・タクス村を取り上げ、そこに見られる社会状況はどのようなものか、移転させられた元の世帯とどう異なるのか、を示したい。

2　移転経過の概要

調査結果を展開する前に、二つの村の移転経過を概説する。これによって移転後の問題点がより鮮明になるだろう。移転経過については六種類の調査報告書が存在する。各報告書はダム建設

ヤギ小屋ともいわれた移転先の住居（タンジュン・バリット村、2005年5月

による被害実態を具体的な内容で記述しており、それらの事実を重ね合わせるとダム建設そのものが問題だらけであったことが浮かび上がる。判決は一部の報告書に肩入れしてその中にあった移転後の生活改善を強調しているが、それはいいとこ取りでしかない。報告書のいずれもダム建設推進側からの依頼に基づく調査であり、一定のバイアスがかかっているだろう。だがしかし、事実は事実として立ち現れるのであり、どの報告書も被害実態を隠すことはできなかった。

ＪＢＩＣ（国際協力銀行）による『本件プロジェクトに係る援助効果促進調査』（以下、ＳＡＰＳ）は、「重大な問題が存在する」ことを認識したＪＢＩＣが解決のための行動計画の策定にむけて実施したものだ。調査においてＯＥＣＤ開発援助委員会の五基準に基づく分析が行われている。それに照らせば、当初よりプロジェクトの実行可能性はなかったのであった。SAPSでは事後評価のためのデータが大規模に収集されており、その結果は被害が深刻であることを図らずも明らかにしている。これを参考にしながら被害の実相を明らかにする。

移転時の問題を項目ごとにみてみよう。

移転のプロセスでは、移転の強制がある。「移転から一週間は彼等には軍隊が随行し、兵士が時々発砲した。そのため、住民は、非常事態（SOB）であるかのように感じた」という現実があり、「軍隊の厳重な護衛は、住民にとってはまったくの恐怖であった。実際、移転時には、村人全体が精神的なストレスを感じていた」のである。

補償は、村ごとの違いが露呈している。家と庭の補償があった村があれば、補償金を受け取っていない住民がいる村がある。ダム湖に水没した土地についても補償を受けていない世帯があり、それは一〇・六％であった。果樹の補償も多くの世帯が要求している。

住居は、五メートル×六メートル・漆喰を塗った床・木製の壁・アスベストの屋根のものである。移住省の基準に従ったものであり、あくまで一時的な避難所の扱いであった。だが、住民は強制と受け止めており、受け入れざるをえなかった。

電気について、二つの村では無償であったが、残りの村は設備の設置や接続に費用がかかった。道路について、幹線道路がアスファルト塗装され、幹線道路への接続があることから効果ありとされる。

次に、社会・文化に与えた影響は何か。

タナ・ウラヤットに対する補償は移転プログラムになかったため、新たに結婚した世帯は生活を維持するために必要な土地の配分を受ける権利を失った。

生活手当の支給は三年間しかない。これはゴムが収穫をもたらすまでの期間に不足しており、ゴム農園を売らざるをえなくなる世帯を生み出す結果となった。そもそも伝統的社会から近代的社会への移行を支援する農業活動など訓練プログラムが行われなかったのである。

水供給用地および農業の将来に関する調査はまったく不十分であり、水供給システムの提供は失敗に終わっただけでなく、その他にもさまざまな問題点が指摘されている。

再定住村の現状はどのようなものか。

大半の再定住村で中途退学者が他の地区より多くなっている。これは生活水準の低下によってもたらされた。

リアウ州でのゴム農園は植え付けが悪くて枯れてしまった。再植林後、八〇％が標準的な生育状態にあり、二〇％が不成功となっている。西スマトラ州でのゴム農園も同様に枯れてしまった。再植林後も標準的な生育状況にあるのが三％しかなく、九七％は失敗している。移転のパイオニア例とされたプロウ・ガダン村の土地への補償は補償に値しないものだった。そして、他の村も同様であった。

何人かの住民は、一平方メートル当たり三〇ルピアしか受け取らなかった。一平方メートルの土地が約四五円程度の評価しか受けず、「以前に所有していた二ヘクタールの土地は、行政中心部に通じる幹線道路に接していたという事実にもかかわらず、その土地に対しては八万三〇〇ルピアしか支払われなかったのだ。

総じて、移転後の生活が急激に悪化したことをSAPSはしっかりと記述している。では、調査をした二カ村について状況を具体的に見てみよう。

3　タンジュン・パウ村の移転前後

タンジュン・パウ村は、移転前はミカンやガンビールの有名な産地で、水や土地にも恵まれ、州と州をつなぐ国道が走り、周りにはコミュニティの共有地が広がっていた。マハット川と密接に関連した社会や文化が構成され、日々の生活が営まれてきた。

一九九三年移転当時の世帯数は三五〇だったが、二〇一〇年時点の村役場の公式データでは三集落五〇六世帯となっている（各地に散り散りになった世帯も加えると六〇〇世帯を超えているという話もある）。その人口は、二〇一〇年の統計によれば、一八一七人であり、平均的におよそ三〜四人で一世帯が構成されている。

移転後の村の総面積は五万三三三三ヘクタールとされており、その八割ほどがまだ森林のままであり、ダム湖の一部も総面積に含まれている。残りは、移転時から用意された宅地や畑地、ゴム農園（一区画が二ヘクタール）などとして開墾されている。国道沿いなのでこの村へのアクセスは良好だが、国道ですら舗装の状態が悪く、村の中では舗装がなされていない村道も未だに残っている。

　高台へ新村を建設したため、勾配の急なところもあり、徒歩で移動するには限界があるものの、村内を移動できる公共交通機関は皆無である。郡庁所在地パンカラン村までは二四キロメートル、県庁所在地パヤクンブ市までは七五キロメートル、州都パダンまでは二〇〇キロメートルである。

　村は公立小学校、公立高校を有する。最寄りの社会保健センター（地域の医療・保健所）は隣村のタンジュン・バリット村にあるが、診察・治療・投薬のみで入院は不可となっている。

　移転後の状態を項目別に見てみよう。

　土地について。「政府が果たさなかった約束により幻滅させられ、もはや政府への信頼度は非常に低いものとなった」ためか、六七世帯が法廷に訴える行動を起こした。残念ながら敗訴してしまった。なお、「約一五〇世帯（現在、確認段階であるため、今後増加する可能性がある）について補償が支払われていない」実態もある。

　家屋について。「幾つかの住宅では、その外側の地面の方が高かったために、家に入ることさえ難しく、何らかの処置が必要」であった。

結婚式（旧タンジュン・パウ村、1992年）

ゴム農園などについて。「彼らが支給されたのは数本のゴムの木がある空閑地」であり、政府が約束した「二ヘクタールの収穫可能なゴム農園」には程遠かった。「一九九九年に、住民は、自分たちの権利の実現を求めてデモを敢行した。この要求に対する反応として、政府は、資金と種苗の形での援助を提供」した。ところが、「住民が種苗を受け取った時には、大半が枯れ死に近い状態」だった。そのため、一部の住民は資金を「貧しい生活の足しに使ってしまった」のである。

菜園・庭地について。「〇・四ヘクタールの作物地の割り当ては、くじ引きで決められ」、「多くの土地が未利用のままに放置」されている。その理由は、「もっぱら日常的なニーズを賄うことに追われている住民には、(耕作のために)かかる資金を工面することは困難」だからだ。

電気について。「四五〇ワットの電力量の設置費用として、一〇万五〇〇〇ルピアを支払わなければならなかった」ゆえ、「約四〇%の住居には電気が引き込まれていない」。

水供給について。「提供されたのは、有色で悪臭を放つ水がでる浅い井戸で、乾季には干上がる」ものだった。「一部の住民は、三〇リットル当たり五〇〇〇ルピアの水もまた買うほかない」状態に追い込まれた。トイレは、「大多数の住民は、排泄のために養魚場を利用」せざるをえない。

その他。「村役場は、住居地の片隅に建設」されたり、「水供給施設が機能しない」などがある。二年目の生活手当は、「家族の人数に応じて、米という形によってのみ六カ月間だけ支給」されたにすぎない。

4　ムアラ・タクス村の移転前後

ムアラ・タクス村は、移転前は豊かな田んぼや共有地が広がり、カンパル川での漁業なども盛んな村であった。文化遺産として名高い村のシンボルであるムアラ・タクス寺院を有する村である。

スマトラ島の内陸部のこの村にどうして巨大な文化遺跡が存在するのか。それは島中部に流れる河川が、人類にとって昔から重要な交通手段であったためである。ヒンズー・仏教様式のこの寺院は、イスラムがこの地域に入ってくる前、遅くとも十二〜十四世紀までには建立されていたと言われている。

同寺院およびムアラ・タクス村は、旧ポンカイ村とも隣接しており、「ポンカイ」という言葉には中国語で土を掘るという意味があるとされており（シャム語で川辺という意味もある）、そこで掘られた土が積もってムアラ・タクス寺院となったという言い伝えがある。

移転した当時の世帯数は二四四世帯であった。移転世代とその子孫は第一区、第二区、第三区に暮らし、二〇一六年一月時点での村役場資料によれば、三つの集落をあわせて三四三世帯、一四二九名となっている。

また、ここ数年で、外部から入ってきたプランテーション企業とその労働者（とその家族）の集落が拓かれ、行政的には村の第四区とされている。この新集落を含めると、村の人口は六一三世帯二二三五名となっている。第四区については、農業労働者の入れ替わりがよくあり、村の役場も詳しく把握できていない。

村へのアクセスはリアウ州の州都プカンバルから西へ一三〇キロメートル、二つの州都をつなぐ国道のバトゥ・ブルスラット村の交差点より北の州道に入り、そこから一〇キロメートル程度を走ると、州道沿いの同村に到着する。

州道の状態が非常に悪いため、同村へのアクセスを困難にしている。村内は平坦であるが、公共交通は無い。

村は公立小学校と私立のイスラム高校を有する。最寄りの社会保健センターは隣村のグヌン・ブンス村（入院不可）もしくはバトゥ・ブルスラット村（入院可）である。移転時に用意されたゴム園は登記ありの一ヘクタールで、移転後十年程経過して、さらに一ヘクタールが整備されている。

移転直後の状況は次のようなものである。

土地について。「付与された補償が通常より極端に低く、また土地と財産は水の下に沈んでおり、もし受領を拒否すれば何も受領することができないことになるため、当該価格の受領を強要されたと感じている」。

家屋について。「木製の壁は、腐朽している。床は、薄すぎるために破損している。アスベストの屋根は、腐食して、雨漏りがする」という状態にある。

ゴム農園などについて。「各世帯は一ヘクタールの何も植えていない土地を与えられたので、

インドネシア共和国政府が用意したトイレ跡（バトウ・ブルスラット村、2006年4月）

政府の約束は偽りのものとなった。各区画には二～一〇本の木しかなく、それは何もないに等しい」ものだった。一九九九年に住民は知事公舎前でデモを行った。その結果、ゴム樹の苗と維持にかかる費用のためとして三年間の支援が得られている。

菜園や庭地について。「以前の村では、土壌が肥沃で米や、ココナッツの木、ゴムの木およびオレンジが栽培できた。農業から得られた利益で十分家計を支え、子供を学校に通わせることができた」のに対し、移転地ではそれらが失われてしまい、生計を立てるのに困難となり、子供を学校に通わせられなくなってしまった。

電気はどうか。政府の約束は「取付料および一年間の電気使用料を含み各世帯への電力供給を無料で行う」というものであった。だが、取付料の支払いを求められ、

「コミュニティの六〇％は取付料を支払う余裕がないため、電気を利用することができない」状態に追い込まれた。

水供給について。「政府によって建設されたＭＣＫ（水浴び、洗濯、便所）施設の大半は、すでにとても状態が悪く、特に便所／トイレ施設は使用不能の状態」であり、水浴びと洗濯について「一部の住民は、井戸施設と溜め池を使用」している。ところが、「一部の井戸の水質は、適切でないし、また溜め池（七世帯に一ユニット）の一部は、壊れてしまっている」始末だ。菜園や川などをトイレにしてしまったため、「コレラなどの疾病に罹る割合が増えてきている」状態も生じている。

その他にも問題がある。住民は以前、カンパル川で漁業を営んでいた。移転後は山地性の地域となったことから、「住民の生活からは、彼等の原点と尊厳が失われてしまった」。その結果、「青年層の間に飲酒する者が増え、また定職を有しない者が増加」したのである。

5　新世帯へのインタビュー

移転がもたらした状況変化を二つの村で見てみた。これらの状況は他の村にも共通して出現しており、それはすなわち、移転前の生活と文化、ならびに価値観までも崩されるという深刻な事態となっている。

ずさんな移転プロセスなどで苦しめられてきた九〇年代初めに移転させられた後、二十年以上が経過した世代は、ようやく日々の暮らしのことを考えていく生活ができるようになったところである。

粗末な小屋、何も収穫できないゴム園や畑地、水の出ない井戸、家畜が食べるような米、魚などの生活保障、そして不十分な補償金など、身の回り全てが劣悪な環境であった。その日を生き抜くために必死であり、若い娘が身を売って親に送金した世帯もあった。子どもたちは経済的な事情から学校を辞めざるを得なくなった。農地などを売却して生活の足しにしてしまった世帯も少なくない。

現在に至るまでの彼らの労苦は計り知れず、損害を訴えた訴訟なども行われた経緯がある。こうした混乱を経て、現在は移転ジュニア世代が家庭をもち、仕事に就き始めた移行期の段階である。

移転地での新世帯、主に若い世代がどのような暮らしを営んでいるか、移転した家族との違いはあるか、あればどういった違いや格差が生じているかということを調べるため、インフォーマントの対象を新世帯に絞ってインタビューを実施した。

聞き取り方法は、尋ねたい項目をあらかじめリストアップして話を伺う半構造的インタビューの手法をとった。タンジュン・パウ村では、二〇一三年三月一日～六日の調査で九〇件、八月三十一日～九月二日の調査では四〇件の対面インタビューを行った。一二〇件のインフォーマントのうち、七六パーセントが四十歳未満（二〇一三年調査当時）であった。

ムアラ・タクス村は、二〇一六年三月十日～十六日の調査で七三件の対面インタビューを実施した（うち有効世帯数六九）。七三件のインフォーマントのうち、半数が三十代（二〇一六年調査当時）であった。

インフォーマントの選出は無作為で、一軒一軒訪問し、不在の際には諦めたが、時には仕事中の方を呼び止めて話をすることもあった。インタビューで聞き取った項目は以下の通りである。

(1) 名前や家族構成など、基本属性
(2) 学歴（自身の最終学歴、現在の子ども）
(3) 職業（以前の村での親の職業、現在の自身の職業）
(4) 家庭の経済状況（収入、支出、借金の有無）
(5) 出稼ぎの経験
(6) 現在住んでいる家（購入、借家、間借りなど）
(7) 土地・農地・畑地など（購入、開墾など）
(8) 公共施設・水などへのアクセス
(9) 現在最も困難なこと
(10) 将来への希望

なお、この調査でインタビューを行うことができたのは、新世帯の中でも、その暮らしの善し悪しに関わらず、村にとどまることを選択した人たちのみであり、村を出てどこか別の場所で生活を営むという方法を選択した人たち（世帯、家族）についての追跡調査はほぼ不可能だ。

また、一般的な移転事業の対象者がとる行動として、旧村に戻るという選択肢も考えられるが、タンジュン・パウ村およびムアラ・タクス村の場合は、旧村がほぼ水没してアクセスが難しいことから、旧村に戻る選択肢はほとんど無い。

6　調査結果をどう見るか

現地での調査を受けて、特に重要であると考えられる点について、結果を考察していきたい。

⑴　タンジュン・パウ村

基本属性について、現在の家族構成を詳細に聞き取ったが、タンジュン・パウ村内で結婚した（出身が夫婦共タンジュン・パウ村である）は二〇％で、パートナーのいずれかが村出身ではないミナンカバウ人が約七四％であった。残りは、配偶者と離婚もしくは死別したシングル世帯が三・三％、村出身者の配偶者がミナンカバウ人でない他の種族世帯も二・五％存在した。

この要因として考えられるのは、昔に比べて人々の移動が盛んであること、土地や伝統的価値観に重きを置かなくなったことなどに加えて、これまでの生活が厳しかったタンジュン・パウ村以外の出身者をパートナーとすることで、経済的な脆弱性を補おうという考えがあることなどである。

現代のミナンカバウ社会において村内（における他の氏族との）婚は当然ではなくなったといえど、パートナーのどちらかがミナンカバウ人ではないということは、これまで母系の根幹であった土地や財産などの相続の在り方が大きく揺らぐこととなる（女性がミナンカバウ人でないと尚更のことである）。

また、配偶者と離婚した・死別した女性のシングル世帯については、死別した未亡人の世帯は、高齢であり子どもなどからのサポートを受けながら生活しているが、離婚してシングルマザーである世帯には、なんらサポートは無く、定職に就いている訳でもない。ミナンカバウの慣習を考えると、生活が困窮しているシングルマザーに対する社会的サポートがない（女性へのケアが不十分である）ということは深刻な問題である。

職業と家庭の経済状況について、月の収入が二〇〇万ルピア（日本円でおよそ二万円）以下の家庭がほとんどで、月の収入額がほぼ月の支出額となっているか、もしくは支出額の方が収入より多くて赤字という世帯も少なくない。

特筆すべきは、聞き取りをした世帯約九一％において、何らかの借金があったことである。よろず屋でのツケなど小さいものから、バイクのローン支払い（ローン月額は五〇万ルピア程度）など大きなものまで、借金をしないと家庭経済が立ち行かない状況になっている（しばしばその返済も滞っている場合もある）。

そのため、職業を尋ねても、できる仕事はなんでもやると返答する者も少なくなく、夫婦共働きもしくは兼業が約七八％であった。生計手段としては、農場主（親や親族の場合もある）に雇われてゴム園で働く農業労働者として、また、採石、薪採取、運転手、小さい食堂の経営などが挙げられた。しかし、日々の労働が定期的な収入を保障しているという訳ではなく、天候や市場価

タンジャン・パウ村インフォーマント婚姻関係

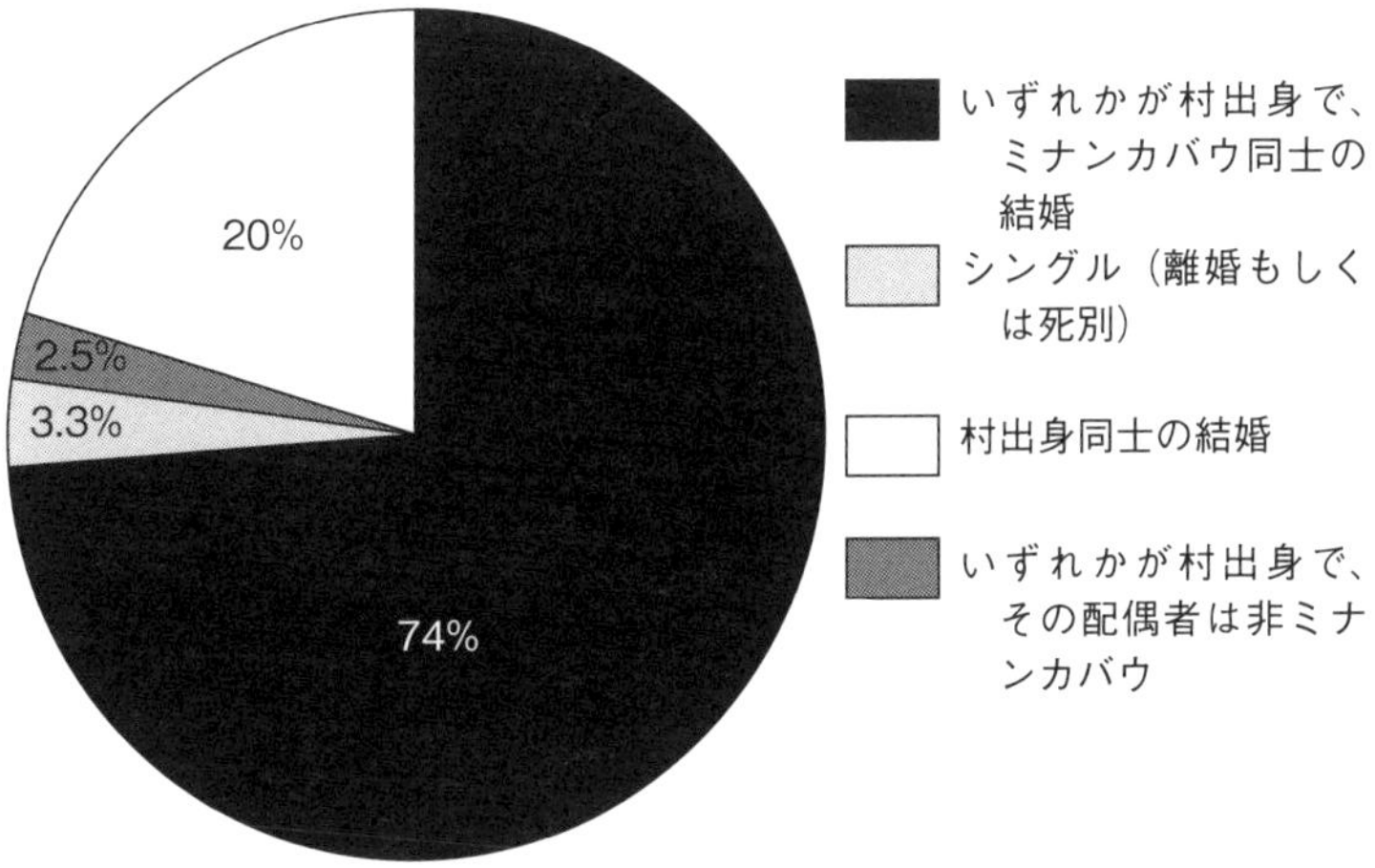

月収

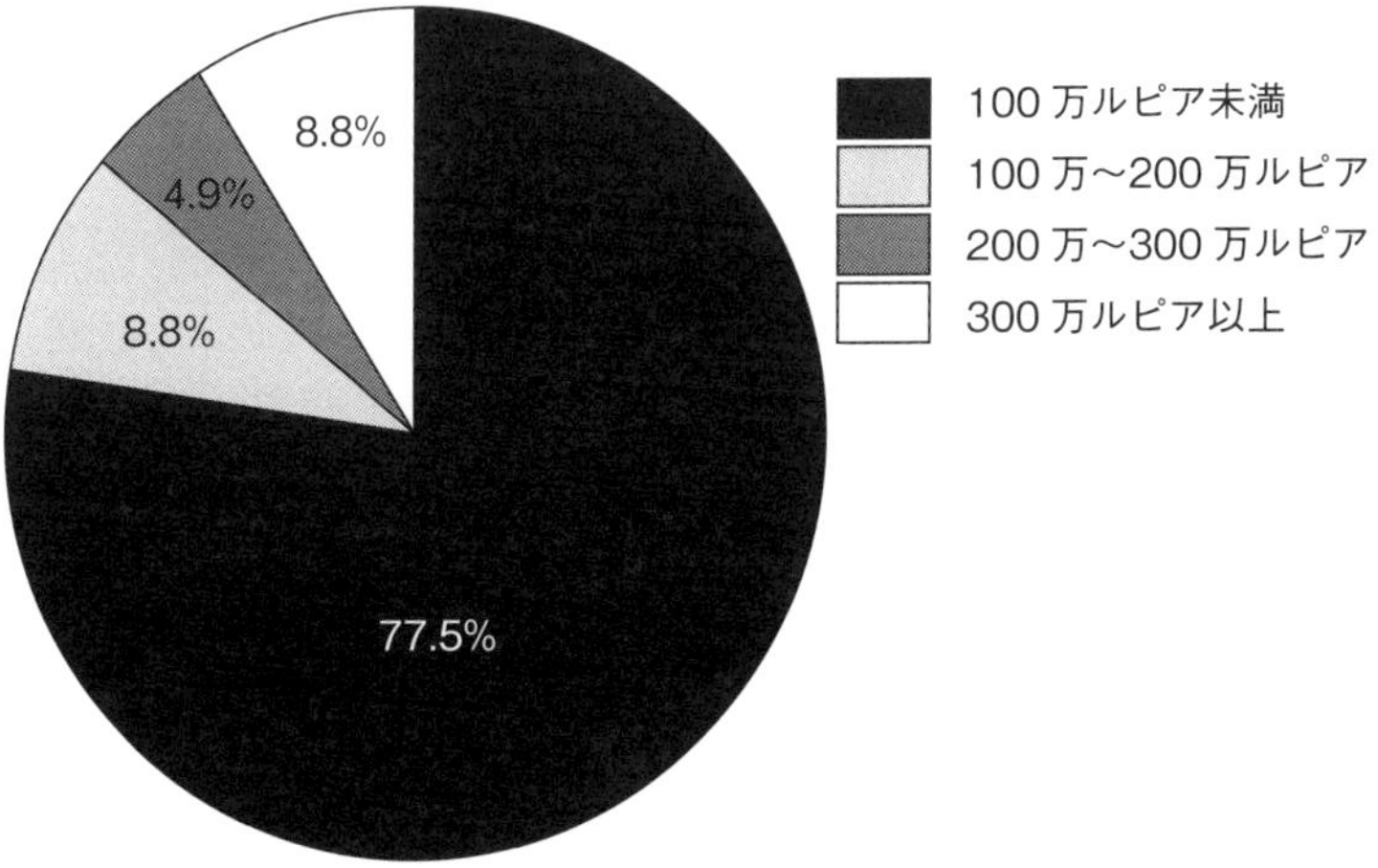

格の変動から、交通事情、仲買人の訪問頻度に至るまで、彼らの収入を左右する要因が多く、経済的に非常に不安定である。

収入と支出がほぼ同額か、支出の方が多いこと、そして借金があることも家庭経済を苦しめる要因である。インドネシア共和国政府が定めた西スマトラ州の農村部における貧困ライン（食料品および非食料品の月額支出に基づく換算になっている）は約二七万四〇〇〇ルピア（一日に換算すると、約九〇〇〇ルピア≒〇・九米ドルとなり、国際貧困ラインの一・二五米ドルよりも低い）であるが、政府が発表している数字があまりにも現実とかけ離れていると感じられる。

聞き取りをした世帯は、その七六%が二十代～三十代の経済的にもまだ脆弱にもかかわらず、子どもや若い家族のための出費がたくさんある人たちである。毎週の支出だけで三五万～六〇万ルピアも消費せざるをえないからである。決して無駄遣いをしている訳ではないのだが、収入と支出の不均衡のため、さらには借金の返済のため、貯蓄などできようも無い。

これらの事実は、政府が貧困人口を減らす（すなわち経済発展していると主張する）ために、あえて低い貧困ラインを設定しているのではないかとの疑念を浮かび上がらせる。

ｒａｓｋｉｎ（貧困米）の給付を常に受けている世帯はまれで、不定期に（一度以上）受けたことがあると回答した世帯が約六〇%、中には給付を受けたことがないと回答した者も約四〇%もいた。

また、医療費扶助としてのｊａｍｋｅｓｍａｓ（社会保険）などは、登録できていない（一年毎の更新で、期限切れも含む）世帯が約六九%で、仮に登録できていたとしても、世帯毎ではなく個人登録であるため、家庭内でも医療費について格差が生じている。

さらに、彼らの文化、慣習を考える上で最も重要な、現在住んでいる家、および土地・農地・畑地などについてみていく。彼らがミナンカバウ人で、土地に対する特別な価値観をもつ、母系社会であることは既に述べたが、ミナンカバウとしてのアイデンティティが脅かされている状況が発生していることに注目したい。

まず、土地について、自分の土地を所有していない世帯は、約八二％であった。自身で購入、親からの譲渡、もしくは自身で開墾した土地を所有していた世帯は約一八％であった（ほとんどが親からの譲渡、もしくは親からの援助による購入）。

また、家についても、両親もしくは義父母と同居・間借りと答えた世帯が約三八％、親族宅もしくは知人宅を間借りと答えた世帯が約一八％、一方で自身で家を建てている世帯約三八％の中でも、その約四〇％が所有者不明の空き地に暮らしており（残りはほぼ親から譲渡された土地）、常に生活が脅かされているといっても過言ではない。

所有者不明の空き地とは、一般的に、移転地内での区画整備を行った際にできた区画と区画のわずかな隙間であったりすることが多い。もちろん、合法ではないため、政府から立ち退きを命じられるリスクが伴っている。

(2)　ムアラ・タクス村

インフォーマントの家族構成は、二十代、三十代、四十代のみで、うち三十代が半数であった。

結婚したばかりの世帯が数件あったものの、インフォーマントのほとんどが結婚して数年経っている世帯であった。

ムアラ・タクス村内で結婚した世帯は二九％、またいずれかが村出身で、その配偶者もミナンカバウ人である世帯は五六・六％あり、タンジュン・パウ村と比較すると村内およびミナンカバウ同士の結婚の割合が高い。しかし、一四・四％の割合で配偶者が非ミナンカバウ人（調査対象者のケースはリアウ・マレーと呼ばれる人々であった）の世帯もあった。子どもの数は、〇〜二人の世帯がインフォーマントの三分の二を占めていた。

現在の生計手段と家庭経済について、ムアラ・タクス村においては、ゴム農園もしくはアブラヤシ農園の農業労働者、漁業が生計手段のほとんどを占めている。一部小売業や教職の世帯もいるが、教職は非常勤（準公務員）扱いで、公務員に昇格できず収入が少なく困っている世帯も存在した。

ゴムやアブラヤシの市場価格は低く、農業のみで生計を立てようとしている世帯については、月収が一万円を切っている世帯も少なくなく、夫婦で共働き、もしくは農業労働と漁業など、収入口を増やして工夫しても、世帯月収が二万円以下の世帯が九五％を超えていた。

タンジュン・パウ村と比較して月収が低い要因として、村へのアクセスが良いかどうか、村内での生計手段が多いかどうか、が考えられる。国道沿いに位置するタンジュン・パウ村は、農業労働以外の生計手段として採石、薪採取、運転手、小さい食堂の経営など、そのアクセスの良さから就労の機会がより多いと思われるが、国道よりさらに内地に入ったムアラ・タクス村では、

ムアラ・タクス村インフォーマント婚姻関係

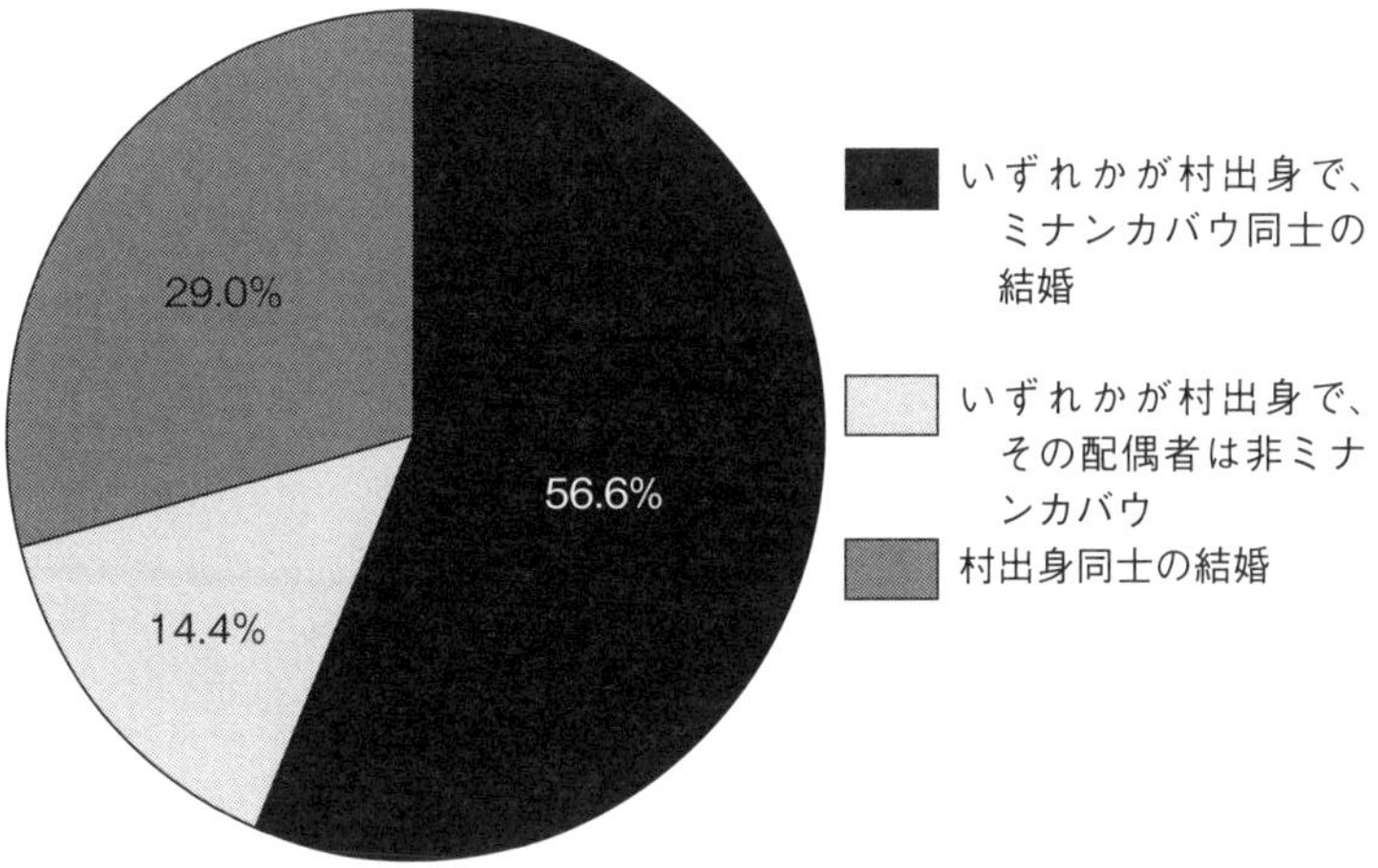

そういった機会は必然的に限られてしまうのではないだろうか。

まともな月収を望むのであれば、ゴムやアブラヤシの市場価格の回復を待つか、村外に出て就労するか、もしくは文化遺産や漁業を活かした独自の村おこしを展開するしか、手段はないのではないか。

その低い月収で潤沢な家庭経済は望めるはずもなく、日々ツケをしながらなんとかやりくりするか、親に依存するか、どう頑張っても家庭経済は赤字続きとなっている。さらに、ゴムやアブラヤシの市場価格が倍近くで、農業労働がまだ収入源として魅力的であった数年前に作った借金やローンの返済が、より家計を圧迫していることも否めない。

オートバイのローンだけで月五〇万ルピアの返済額であったり、銀行からの融資返済額が一〇〇万ルピア近くだったり、家計としてはもはや成り立っておらず、貯蓄などできるはずがないのである。

インフォーマントの住居について、六〇％以上が、親（もしくは義親）と同居しており、二〇％近くが借家、残り二〇％の持ち家に暮らす世帯も、親の資産を譲り受けたか、村有地で空いている区画に（そのほとんどが親の援助で）家を建てたという状況であった。一世帯のみ、社会省の住宅支援により持ち家を手にした世帯もあったが、自身の稼ぎで持ち家を建てたと胸を張っていえる世帯はなかった。

また、土地・農地の所有の有無については、所有していると答えたインフォーマントは二〇％に満たず、それも親からの譲渡がほとんどであった。

土地を所有していても、そこで農業などのビジネスを始めるための資本がなかったり、土地の整備はしたがまだ収入を得るほどではなかったりと、土地を所有していても活用できているとは言い難い状況であった。土地を持たない世帯については、生活していくための収入源となる土地が欲しいと考えていた。

生活環境、特に水へのアクセスについて、この村ではまだ改善の余地があると考えられる。なぜなら、乾季になれば、飲料水は必ず購入しなければいけない、支給された井戸は深さが足りずに水が出ないところがある、近くの小川まで歩き洗濯などを済ませているなど、いくつも問題があり、八〇％以上のインフォーマントが、これらの問題を改善して欲しいと回答した。

さらに行政からの援助であるｒａｓｋｉｎ（貧困米）は、定期的に受給している世帯が四九％、一度も受け取ったことがないのは三九％、不定期に（一度以上）受け取ったことがある世帯が一三％であった。医療費扶助についても、インフォーマントの四〇％が手続きをできてないなど全く扶助を受けられていない状態で、本来受けるべき最低限の社会サービスにも非常に偏りがあり、改善は見られない。

村の立地条件を考えると、コトパンジャン・ダム建設により移転した他の村に比べても、ムアラ・タクス寺院を中心にした観光業や、これまで営まれてきた漁業をベースにしたクルプック（揚げ煎餅）などの加工業といったように、村が発展するための産業の潜在性は高いと思われる。しかしながら現状では、希望すら持てない状況にある若い世代が日々の暮らしを耐えているということが、調査結果で明らかになっている。

7　新世帯の生活安定が課題

以上をまとめると、次のようになる。

移転した各世帯には、二ヘクタールの農地と〇・四ヘクタールの畑地が与えられた。それらの資産は、近代的な個人所有の概念にもとづいて登記簿が作成され、母方のおじたちの指導のおよばないところで、土地は気軽な売買の対象となった。万が一所有者が死亡しても、共同体の財産へと組み込まれることはなくなった。ミナンカバウの共同財産であるタナ・ウラヤットの概念・所有・相続は移転事業によって消滅し、自然資源の伝統的な管理が崩壊した。

共同財産であるタナ・ウラヤットが無くなってしまったということは、つまり、その母系共同体は、子孫の将来を保障しないということに等しい。ダム建設事業により移転させられた村では、経済基盤が脆弱な世帯にとって、住むところ、農業ができるところを確保するためのセーフティネットとなり得た、母系共同体の共有地が存在しない。そのため、結婚はしたが所有者不明の空き地に家を建てざるを得ない、いつまでたっても親や親族と同居せざるを得ない、農地もなく経済基盤が脆弱なままである、というように、移転先の新世帯は、日々の暮らしを営む上で非常に困難な状況に陥っている。

そのような彼らが望むことは、移転して補償を受けた世帯と同じように、住むところ、作物を植えられる畑、生計を立てるための農地がほしいこと、また、弱い立場の自分たちの将来をしっかりと考えてくれるリーダーがほしいこと、子どもたちに教育を受けさせたいことなどである。もちろん、移転当初の彼らの親の労苦は計り知れないものがある。しかしながら、今現在、彼らの生活はここで述べた通り、社会保障となるものがほぼ存在しない。政府のサポートもなく、将来への蓄えも無く、日々暮らして借金を返すのがやっとの状況を脱するための術が、親も含めた人の善意に頼るしかないのが、彼らの現状である。

非自発的移住を経験した現地社会にとって、世間から最も注目されたのは移転事業の前後わずかである。今回取り上げた二カ村のように、移転後二十年が経過し、増加した世帯がどのような状況に置かれているか、どういった問題に直面し、それらを克服するための対策は何かという議論や措置は、インドネシアの行政はもとより、事業の援助国である我々日本においても重要なことであるにもかかわらず、未だに不十分である。

移住をしたことで、直接的に不利益を被ったのが親の世代であるなら、彼らのように新村で増加した世帯は、間接的に被害を受けていると言えよう。以前の村には存在した、若者や子孫を守るためのミナンカバウ的社会保障がなくなり、自分たちの村であるにもかかわらず、全てにおいて間借りせざるを得ない不安定な生活を強いられている。昔の村でみられたような、文化的な豊かさは消えてしまった。

この村でミナンカバウ文化とその土地所有を再構築することが不可能だとしても、経済的に脆弱な世帯に対して、生活や雇用が不安にならないためのセーフティネットを、行政がしっかりと用意するべきである。

二〇一六年末より、調査対象となったタンジュン・パウ村の一部で、現地環境ＮＧＯのサポートを得て、環境森林省によるコミュニティ・フォレスト・プログラムの実施に向けた準備が進められている。このプログラムの第一の目的は、コミュニティ・フォレスト・エリアを設定することで、現地社会と一体となって、インドネシア共和国政府が、近年著しい森林破壊を食い止めようというものであるが、持続的な森林利用の機会を現地コミュニティに提供することで、現地社会の福祉を向上させるという目的もある。このプロジェクトを、経済基盤の脆弱な若い世代へのサポートために利用しようと、然るべく活動が行われている。

現在はまだタンジュン・パウ村にとどまっているが、近い将来、ダム建設で移転した他の村の若い世代へも活動が広がることを期待している。

村の将来を担っていくのはインフォーマントたちのような若い世代や、その子ども、孫たちである。現在の生活や雇用に対してだけでなく、願わくば教育や医療面での行政サービスの充実がなされるように。一部の人間の利益にしかならない事業は即時中止し、一刻も早い彼らの生活の安定、格差の是正が求められるべきである。

（坂井美穂・「支援する会」幹事）

第5章　ＯＤＡの本質とは何か

「ｒｏｍｕｓｈａ」というインドネシア語がある。「日本占領時代に重労働を強制させられた人々」（『インドネシア語大辞典』）のことを意味する言葉であり、日本語の「労務者」がそのままインドネシア語として使われている。

負の内容を持つ日本語がなぜインドネシアで定着してしまったのか。

日本軍は物資や兵員輸送のためスマトラ島リアウ州で鉄道を敷く際に捕虜や「ｒｏｍｕｓｈａ」を強制的に使役し、その多数を死に追いやった。こうした日本による侵略の現実が反映されているからだ。

リアウ州は資源が多く、それを狙って戦後も各国の資本が流れ込んだ。日本の企業を後押しするため日本政府は、肥料工場、道路、水力発電、港湾など大型プロジェクトにＯＤＡ（政府開発援助）資金を投入した。

コトパンジャン・ダムはその一環である。

その様相は戦前と違わない。戦前に日本の企業がインドネシアに進出していたが、戦後もＯＤＡと手を携えて日本の企業が再び進出してきて、戦前戦後にわたって現地住民を苦しめている。コトパンジャン・ダム裁判は、現地住民の被害を認めること、および被害への補償を求めることを主旨として提訴された。それはそのままＯＤＡを裁くことでもあった。

前述のような過去にも目を向けると、ＯＤＡという政策の本質から来る問題点が、戦前の侵略によるものにも繋がっており、この裁判は奥行きのある問題提起でもあった。では、ＯＤＡの本質とは何か。

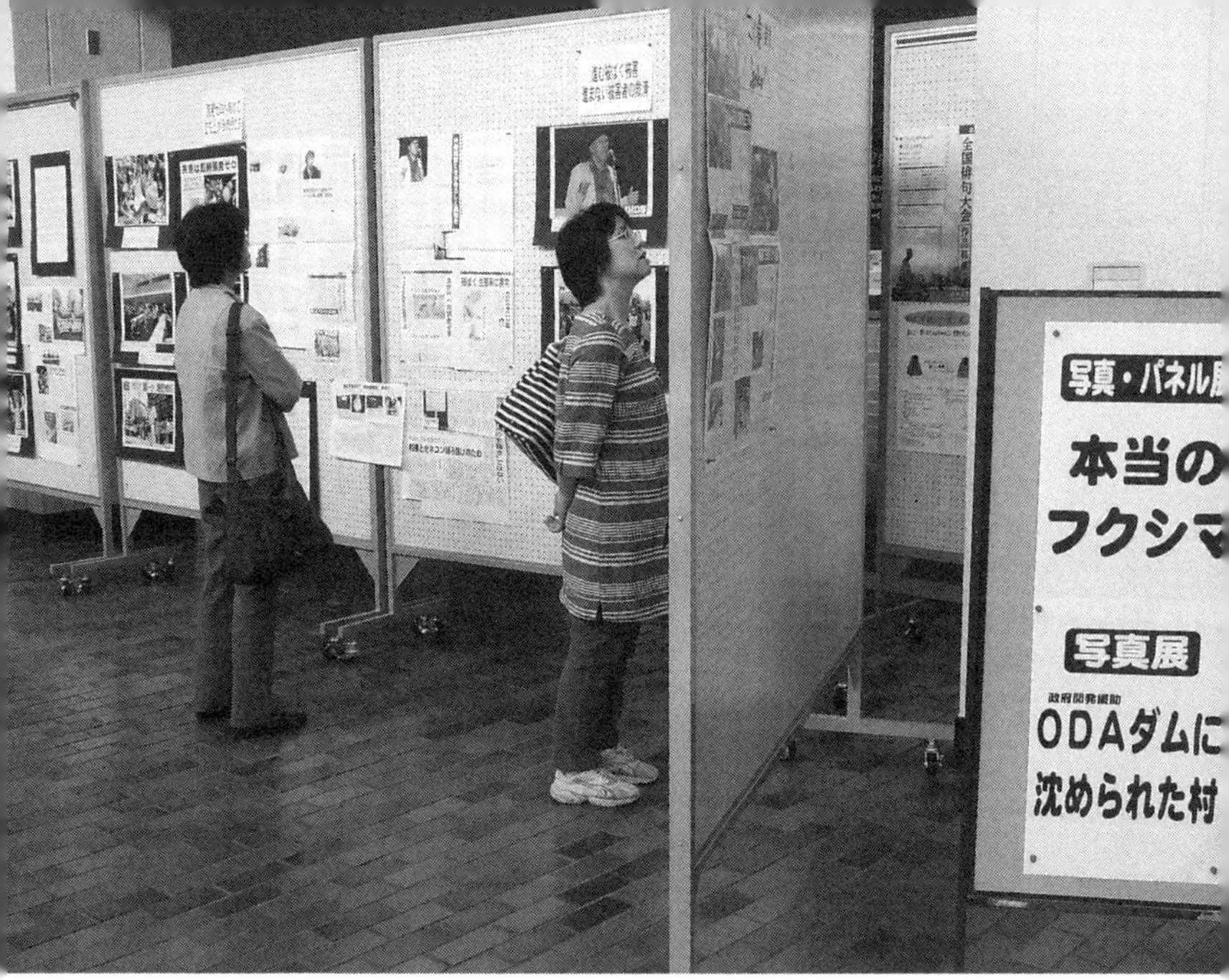

「ＯＤＡダムに沈められた村」コトパンジャン写真展（東京、2013年５月25

1　ＯＤＡとは

最近はＯＤＡに関連したニュースを目にすることが少なくなった。そのため〝ＯＤＡとはそもそもどのようなものか〟を説明する。

ＯＤＡとは、「開発途上国・地域に対し、経済開発や福祉の向上に寄与することを主たる目的に公的機関によって供与される贈与および条件の緩やかな貸付等のこと」（『開発協力白書』）である。いわゆる先進国による援助であるが、ＯＤＡが「経済開発や福祉の向上」に寄与しているとはいえない現実もある。とりわけ、日本のＯＤＡは戦後賠償を源流とすることに起因するさまざまな問題点を含んでいる。

ＯＤＡは、援助形態において大きく二国

間援助と多国間援助からなる。二国間援助はさらに政府貸付と贈与に分けられ、政府貸付は円借款などの有償資金協力であり、贈与は無償資金協力と技術協力を軸にしている。政府貸付は返済を求めるものであり、贈与は無償による援助である。多国間援助は、国連児童基金や国連開発計画、世界銀行など国際機関への拠出・出資などである。

有償資金協力には、必要な資金を貸し付ける円借款と必要な資金を融資・出資する海外投融資がある。外務省の説明によれば、有償資金協力はインフラ建設など大規模な支援に効果的であり、返済義務を課すことによって被援助国に自助努力を促すことができるとともに、被援助国と中長期の関係を築くことができる、とされる。たしかに貸し付けの条件は民間の銀行より有利であるものの、円借款が開発途上国の累積債務問題を深刻化させる一因となっているのも事実である。

無償資金協力とは、相手国政府などからの要請を受け、生産物や役務を購入するための資金を贈与し、相手国政府などがそれらを調達することである。調達先を日本企業に限るよう求められていることから、日本企業は外国企業との価格競争から免れて国際価格より高い値段を設定することができる。こうした仕組みからひも付き援助と称されている。

技術協力は、開発途上国の人材育成を行うため日本の技術や技能、知識を移転することによって開発途上国の開発に寄与することである。具体的には、技術研修員の受入れ、専門家の派遣、青年海外協力隊の派遣、機材の供与などである。

ＯＤＡの財源は、一般会計（二〇一六年度事業予算・総額での割合二九・七％）、出資・拠出国債（一一・七％）、財政投融資等（五八・四％）からなる。形態別歳出項目は、無償資金協力（八・八％）、

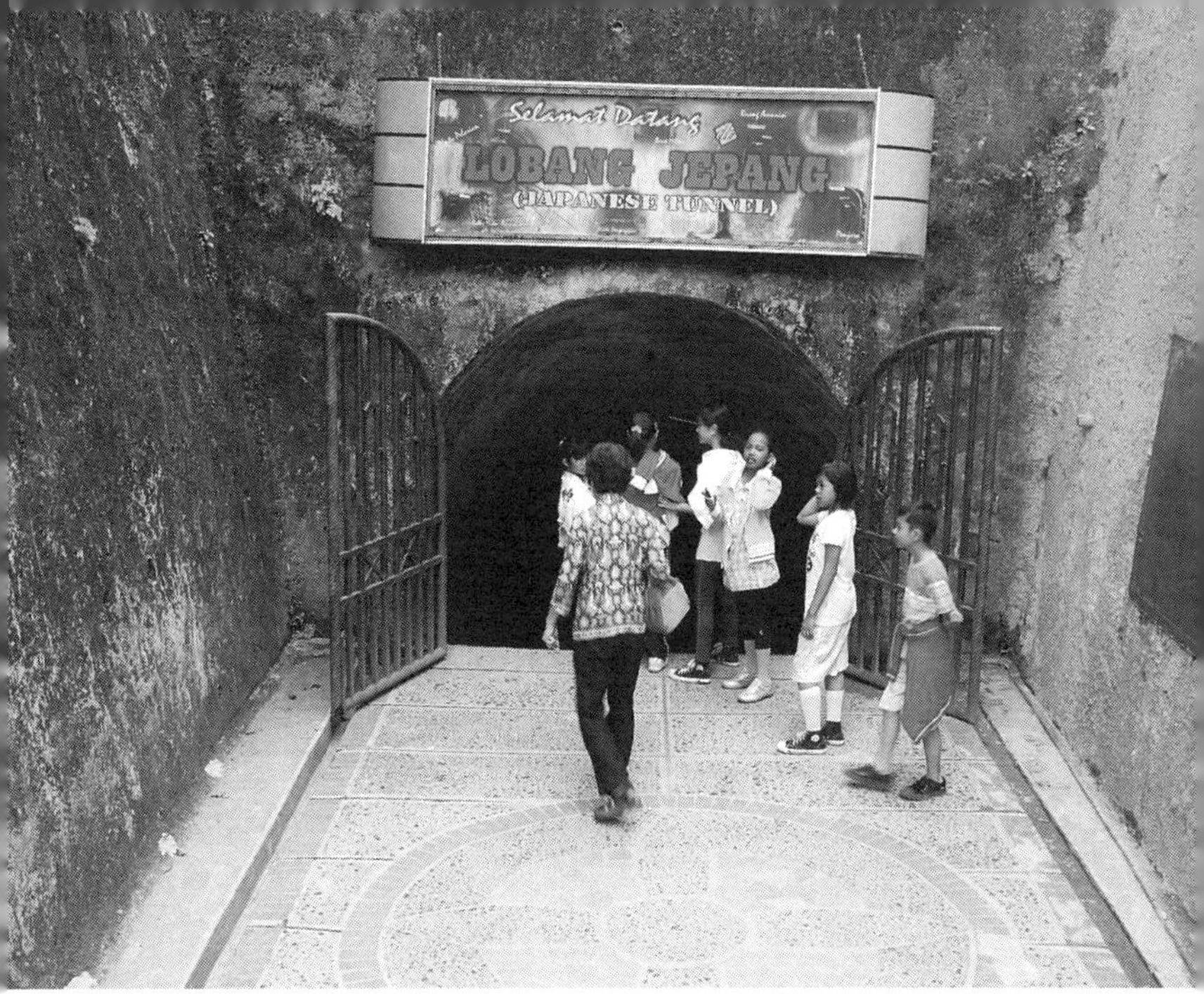

旧日本軍が築造した防空壕（インドネシア・ブキティンギ、2008年12月）

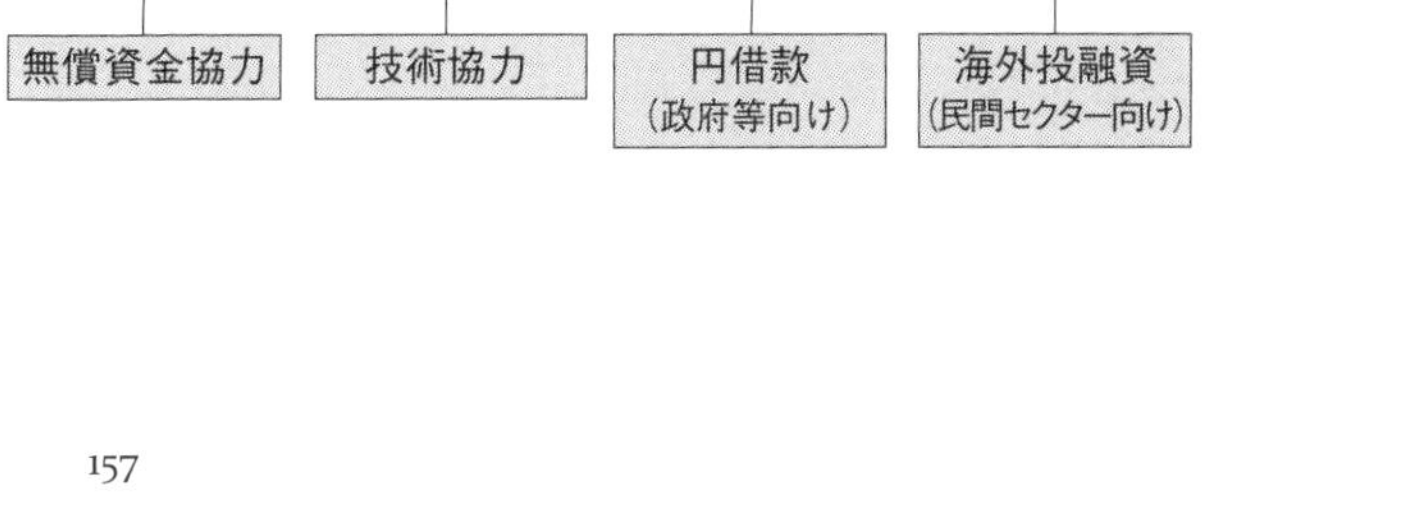

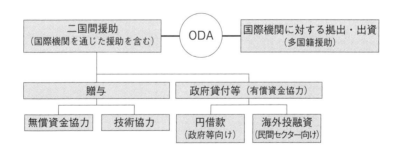

技術協力（一七・二％）、国連等諸機関（分担金・拠出金）（五・五％）、国際開発金融機関等（拠出金・拠出国債）（一一・二％）、円借款等（五七・五％）などである。

二国間援助の供与先を地域別でみると（二〇一五年）、アジア五二・八％、アフリカ二七・四％、中南米三・七％である。一九七〇年ではアジアがほぼ一〇〇％であったところから徐々にアフリカの比重が高くなってきている。それでもアジアが過半を占めており、アジア重視の状態が続いている。

二国間援助の分野別配分はどうなっているか。経済インフラが五二・九％を占めており、社会インフラ一八・一％、工業等生産分野一二・六％、プログラム援助六・八％、人道援助六・一％と続く。この部分での国際比較をすると、日本の特殊性が浮かび上がってくる。

米・英・仏・独の各国は社会インフラに三〇％以上を配分しており、援助国平均では三四・四％となっている。経済インフラでは、仏・独が二〇％台中ごろ、米五・四％、英一二・一％、平均で一八・八％である。主要国と比べると経済インフラの比重の高さが顕著となっている。

こうした分配の実態から日本のODAは国際版の公共事業と指摘されてきたのであり、それはそのまま日本の企業に高い利潤をもたらすものになっている。

さらに供与の流れを見てみよう。相手国政府の要請を受けてからODAが動き出す。これを要請主義という。事業計画が相手国政府によって実施されていれば要請になるだろうが、実際はそうではない。決定に至るまでにはわずらわしい手続きや日本政府の意に沿う計画が求められる。そこに実情に精通した日本のコンサルタント会社や商社が介入する素地が生まれ、案件探しを彼らが行い、それを相手国政府に売り込んで要請させるようにする。いわゆる仕込みである。

受注業者が決まった物品やプロジェクトに対し、日本政府は途上国政府名義の口座に該当のお金を払い込む。関連業務を終えた日本の業者がこの口座から代金を受け取る。したがって、途上国政府にはお金がほぼ渡らない仕組みになっている。これはまた、商社やコンサルタントから日本と途上国の権力者への賄賂の土壌もつくることになった。

２　ＯＤＡの本質

次に、ＯＤＡの問題点と経過を概説しながら、ＯＤＡの本質を明らかにしたい。ＯＤＡが援助の名に値するものであれば問題は少ない。実際は問題だらけであり、何度となく問題点が指摘、批判されてきた。それを許してきた要因の一つに統括する法律がないことだ。組織規範法があるのみであり、それらはＯＤＡに関する根拠規範とはいえない。ＯＤＡ基本法をつくろうとの運動もあったのだが、実現に至っていない。そのため野放し状態が続いており、いまだに汚職や腐敗がはびこっているのである。

税金を原資とするにもかかわらずＯＤＡは国会での審議事項とされず、法の下で国会が関与できない不正常な状態にある。たしかに、野党案の趣旨も取り入れて一九九二年にＯＤＡ大綱が作られたが、そこには、基本法成立を押さえ込んで、ＯＤＡを使い勝手のいい状態のままに置いておきたい、とする利権にうごめく勢力の意向が反映していた。

ODAの起源は戦後賠償にある。その戦後賠償が日本の企業の海外進出の土壌を築いてきた。戦後賠償はまた、汚職と腐敗を生み出してしまった。こうした構造を引きついだODAも汚職と腐敗にまみれている。そのツケはODA被供与国の人びとに押し付けられている。

一九八六年、年収一〇〇万円ほどしかなかったフィリピンのマルコス大統領が数兆円もの蓄財をしていることが公になった。その調査過程で、日本の商社からわいろが支払われたこと、ODA（円借款）に手数料やわいろを含めた高い入札価格が設定されていたこと、それらの一部が日本の政治家に貫流していたことなどが暴露された。なかでもODAが不正蓄財の源となっていた。

戦後賠償とODAは開発独裁政権を延命させてきた。開発独裁政権が崩壊するとともに不正蓄財財を生み出す構造も崩壊したのであれば、過去のことになろう。はたしてそうだろうか。に露呈するODAがらみの不正はその構造自体が何も変わっていないことを示している。こうした深刻な問題点を持つODAの役割を次に列挙する。

まず、商品輸出の「呼び水」としての働きがある。道路やダム、港湾や発電所など産業基盤整備にODAの多くが使われてきており、そのプロジェクトの多くが日本の企業に受注される。それは、必要な機材が法外に高い価格で日本から輸出されることであり、日本の企業に高利益を与えることになる。

次に、資本輸出の「呼び水」としての役割がある。一九八〇年代に入ると、日本の海外直接投資が急増する。一九七五年度と一九八四年度の比較（届出ベース）では、三倍以上の伸びを示している。地域別を製造業でみると、アジアへの直接投資が依然として三〇％以上を占めており、産業基盤が弱いアジアに対してＯＤＡでその整備を行えば、日本の企業が進出しやすくなる。一九七〇年代後半からＯＤＡが本格化した背景にはこうした事情が横たわっている。

さらに、資源開発投資としての役割もある。資源が少ない日本は資源確保を重要な課題とせざるをえない。資源開発には莫大な資金が求められ、高いリスクが伴う。民間資本が参入しやすいように国家資金がこれまで投入されてきた。ＯＤＡはその一角を占める。それはまた、開発途上国の資源を略奪することにもつながっている。

こうした役割をもつＯＤＡは、被援助国からみると「第二の侵略」であり、日本にとっては「日本人の暮らしのため」のものである。この構図への認識抜きにアジアとの協調や共存はありえない。

初期のＯＤＡに顕著だった三つの役割を整理した。では、その後においてこれらは解消されたのか、あるいは継続しているのだろうか。

一九九二年に閣議決定され、二〇〇三年に改定されたＯＤＡ大綱が見直され、二〇一五年二月に新たに開発協力大綱として閣議決定された。ここでの大きな変化は、大綱の名称から援助という文言が消え去ったことにある。日本のＯＤＡが援助を看板に掲げつつも、その実態は援助国と被援助国にまたがる汚職の温床であり、被援助国に犠牲を強いるなど、さまざまな問題をはらむものであった。援助という美名がその隠れ蓑に使われてきたこともまた事実である。その名目さえ外してしまった。これは何を意味するのだろうか。

開発協力大綱の閣議決定一カ月前、ヨルダンなどへの難民支援のための人道援助がイスラム国による二人の日本人人質殺害のきっかけとなってしまった。被援助国は難民支援の財政負担を減らして軍事資金へまわすことができるため、敵対勢力にすれば援助国も敵でしかない。人道援助であったとしても敵とみなされて犠牲者が出る実例となったのである。何のための援助なのか、援助はどうあるべきなのか等々が問われる事件だった。

では、なぜ問題だらけのODAが成立したのか。その起源となる戦後賠償を概観する。

3 戦後賠償の実態

賠償のレールを敷いた首相である吉田茂は「向こうが投資という名を嫌ったので、ご希望によって賠償という言葉を使ったけれど、こちらからいえば投資なのだ」と語ったそうだ。また、岸首相（兼外相、当時）は援助の目的について外交演説の中で、「日本の経済発展と国民の繁栄を図る見地から、賠償、経済協力を含めて各国の繁栄に貢献しつつ、日本の発展を期す」と述べている。

ここには、当時の指導者が戦後賠償もODAも日本の経済発展に活用すべき政策として捉えていたことを見て取れる。すなわち、国益重視の姿勢を隠そうとしていないのだ。そうであるがゆえに、戦後賠償から本来の意味である戦争被害者への補償の意味合いが失われ、ODAが援助という名目を掲げて国益追求に向かうこととなる。つまり、戦後賠償に起源を持つODAは出発点から問題含みであった。

二〇一四年版ODA白書がODA六十周年を期にODAの軌跡を振り返っている。白書は、戦後処理としての賠償支払いとの並行・いわゆる準賠償の実行・円借款などの経済協力の開始に「ODAのはじまり」があり、「輸出市場の拡大を通じた日本経済の復興と発展に寄与することも期待」とさりげなく記述している。そして、ODAに対する批判を一考することなくこれまでの成果を誇っている。

たしかにODAは戦後賠償から始まった。戦後賠償がODAの原型を作り出しといえるのであり、それはそのまま戦後賠償の問題点がODAに引きつがれたといえよう。ODA白書において戦後賠償に関することは歴史的事実のみが列挙されているだけであり、戦後賠償の経過と問題点を一顧だにすることがない。とすれば、戦後賠償の実態はどうだったのかを問わなければならない。

戦後賠償には当初、日本の潜在的な軍事力を一掃しようとする計画が立てられていた。その計画内容は、制裁・復讐・懲罰の色合いが濃いものであった。それに従って中間賠償が実行されていたが、アメリカはその政策を変更して日本を極東の工場として再建させて共産主義の進出を防ぐことに切り替えた。中華人民共和国の成立や朝鮮戦争の勃発によりアジアにおける冷戦が激化したためである、それらが契機となり、日本は再軍備と経済復興へ進むこととなる。

アメリカはサンフランシスコ講和会議に無賠償の態度で臨んだが、アジア諸国の強い反対で立ち往生状態に陥る。打開するためには日本の侵略で被害を被った国の請求権を認めざるをえなかった。そして、賠償内容を求償国との外交交渉で決定、現金ではなく役務と生産物での支払いなどとする方法が採用されることとなった。

サンフランシスコ講和条約第十四条が賠償規定となっている。その特徴を列挙すると、①日本が引き起こした戦争は侵略であったこととその責任について言及されていないこと、②賠償額や支払い期間などの具体的な内容を求償国と個別交渉すること、③賠償額を経済的な余裕があれば支払うとしたこと、④賠償の中味は「生産、沈船引揚げその他の作業における日本人の役務」としたこと、⑤生産物を製造するときは連合国側が原材料を供給するとしたこと、⑥賠償請求権・戦争中のその他の請求権・占領に係わる直接軍事費に関する請求権を放棄したことが挙げられる。

つまり、戦後賠償でありつつも日本の戦争責任が免罪されており、賠償の中味も大幅に軽減されたのである。

賠償の中味が生産物供与と役務の方式となったため、日本は外貨を使うことなく戦後賠償の支払いができる。この方式は、一石三鳥の効果を狙ったものだった。すなわち、アメリカとしては日本の経済成長の遅れによってアメリカの負担が増加することを回避でき、アジアの賠償要求をある程度満たすことができ、しかも日本の生産力を高めることになるからだ。これは、日本の復興と企業のアジア進出に大きく寄与することになった。この支払い方式はアジア諸国との交渉においても日本に有利だったのである。

戦争による被害の賠償であるならば、金銭での被害者救済が行われるべきである。ところが、生産物と役務での賠償となってしまったため、工場や橋などプロジェクト・プラント類に使われることとなった。インドネシアの賠償でみると、高級ホテルや高級デパートの建設も含まれている。賠償とは名ばかりの実態だった。

コトパンジャン・ダム湖（2008年12月）

賠償実施計画は賠償を求める国との合同委員会で決められている。具体的には、日本の商社やコンサルタント会社が案件を探し、日本の企業がプロジェクトを実施する方式を形成することになった。このプロセスにODAの要請主義の生成を見て取れる。すなわち、日本の企業は安全で確実な海外インフラ市場の提供を受け、海外進出へつき進めるようになったのである。

求償国のインドネシア、フィリピン、旧南ベトナム、ビルマ（ミャンマー）は開発独裁国であったが、その基盤を戦後賠償が強化したことも見ておきたい。こうした戦後賠償の実態が汚職と腐敗を生んだ。そして、この構造がそのままODAに引きつがれていったのである。

ビルマの賠償に関わって通産省（現在は経産省）は、「日本側の意図は、この時期の輸出振興政策あるいは海外市場開拓の要請とリンクするところにあった」と述べている。また、日本国内の需給をひっ迫させない生産物を賠償対象としたことから、賠償による供与は過剰生産物を処理することでもあった。ここから見えるのは、老朽設備の償却で技術革新を行い、生産力の増強をはかる狙いである。つまり、戦後賠償は「輸出の呼び水」であり「貿易促進の礎石」であった。

一九九〇年代に入るとアジアの戦争被害者から賠償を求める裁判が八〇件超も起こされた。日本政府には解決済みとされることがなぜ裁判に至るのか。

戦後賠償は、アメリカの意向で日本の経済復興に力点が置かれたものとなり、アメリカが冷戦を優位に進めるための極東戦略のなかにあった。冷戦構造が一九九〇年代に崩壊したことにより、戦後の枠組みが問い直される。戦争被害者がやっと声を上げることができるようになり、戦後補償要求が高まっていったのだ。戦後補償という用語は、個人補償や賠償などを含めており、日本の侵略加害を見つめて戦争責任を考えるための市民運動から生まれたものである。つまり、戦争責任が不問にされ、被害への補償もないことへの異議申し立てであった。それはまた、それまでの戦後賠償が賠償の名に値しないことを示していた。

フィリピンの歴史学者レナト・コンスタンティーノは賠償の本性をこう喝破した。「フィリピン国民に償いをするはずの賠償が、フィリピンを経済的に支配するという日本の目的を促進する手段そのものになっていた」と。この構造がそのままＯＤＡに引きつがれていくのである。

次に、ＯＤＡの経過について大綱を軸に確認したい。

4　一九九二年ＯＤＡ大綱

一九七〇年代に量的拡大をはかったＯＤＡに対し、国民の理解を得る必要が高まっていく。加えて一九八六年のマルコス疑惑もあり、国会による監視や関与を求める声も大きくなっていた。こうしたなかで冷戦の終結がＯＤＡを表面上は大きく変えることとなった。旧社会主義諸国の資本主義経済への移行を支援する役割が生まれたからである。さらに、湾岸戦争の影響を受けて政治的利用がはっきりとしていくからである。

一九九一年の湾岸戦争に対し、日本政府は紛争周辺三カ国に二〇億ドルのＯＤＡ、多国籍軍に一一〇億ドルもの資金提供をした。財政的貢献をしたにもかかわらず、クウェートからの感謝メッセージに日本は入っていなかった。そのため政府は挫折感を味わうこととなり、それを解消すべくＰＫＯへの関与とＯＤＡの政治的利用を検討する。そして、ＯＤＡを外交の手段と位置付けることになった。

冷戦の終結と湾岸戦争に対処する必要から一九九一年、国際貢献のあり方についてＯＤＡ四指針（途上国の①軍事支出、②大量破壊兵器・ミサイルの開発・製造、③武器の輸出入等の動向、及び、④民主化の促進、市場志向型経済導入の努力並びに基本的人権の保障状況に十分注意を払うこと）が打ち出された。そして、四指針が一九九二年ＯＤＡ大綱に原則として結実する。

一九九二年ＯＤＡ大綱は、①人道的配慮、②相互依存関係の認識、③環境の保全、④開発途

ゴム園への道（コトパンジャン）

上国の離陸に向けた自助努力支援の四項目を基本理念に掲げた。人道的配慮とは「持てる国が持たざる国を助けることは人道上、当然の行為」とするもの、相互依存関係の認識とは「世界経済のなかでも南北などの格差を減らし、相互依存の関係を強める」ことである。なお、相互依存関係の中には石油確保の意図も含まれている。一九九二年六月に国連地球環境サミットが開催された。その動きが考慮されて、環境の保全が基本理念に加えられるなど前向きな側面も含まれることとなった。

　だが原則の表現をみると、あいまいさを残している。「相手国の要請、経済社会状況、二国間関係等を総合的に判断の上、実施する」とか「十分注意を払う」との記述でしかないからだ。そして、恣意的な運用が実際に行われた。インドとパキスタンが一九九八年に核実験をしたことに対し、一九九二年ODA大綱に従って日本政府は新規ODAを停止した。ところが、一九九五年に中国が核実験をしたときは十六カ月後に援助を再開している。二〇〇一年の9・11テロによってパキスタンへの制裁が解除される。これは、アフガニスタン難民に苦慮するパキスタンを懐柔するアメリカの意向を汲んだものであり、核実験制裁よりアメリカへの同調が優先された。一九九二年ODA大綱が一部の前向きな面を有しつつも、根本のところでは日本政府が対米戦略へ追随する運用を続けているのである。

さらに、一九九二年ODA大綱において国益との関連は明示されているわけではないが、「国力に相応しい役割を果たすことは重要な使命である」との記述にも注目しておきたい。「ODAを論じると、最後に行き着く先は国益観の問題である」と村井吉敬が語っていたように、国益がどのように明示されていくのかは重要な視点になる。

5　二〇〇三年ODA大綱

日本経済の停滞が長引くことにより、ODAに対する疑問が高まっていく。二〇〇一年にはODA予算が減額された。こうした動きに対応するためODA改革が唱えられるようになっていく。二〇〇二年三月に第二次ODA改革懇談会（外務大臣の私的懇談会）が「ODAを外交手段として有効に活用すること」などを盛り込んだ最終報告書を発表し、これを受けて同年六月にODA総合戦略会議が発足する。同年には政党その他からも提言が次々と出されるなどODAについての国民の関心は高かった。

これらに併せて二〇〇二年七月、「わが国のODAについて」という報告書が対外関係タスクフォース（小泉首相の私的助言機関）から発表された。そこではODAについて、「単なる『人助け』ではなく、安定した国際環境を確保するための最も重要な政策手段」と位置付けるとともに、『軍事的用途への使用回避』の原則が制限的に解釈され、必要な支援ができなかった。平和構築に資する援助ができるよう解釈を変えるべき」との注文がつけられ、見直し論が展開されている。

二〇〇二年十二月には川口順子外相（当時）が、国益の観点を前面に押し出してODAを外交手段として戦略的に活用すべきことを求め、ODA大綱の改定を表明した。改定内容に影響力を与えるため二〇〇三年四月に日本経団連は、ODA大綱見直しについて「わが国の安全と繁栄を確保するという国益のためにODAを積極的に活用するとの姿勢を」などの意見を発表した。一方、国益重視などへの見直しが強まっていることを懸念するNGOが意見を提出している。

ODA大綱改定には国際的な状況も大きく影響している。二〇〇一年の9・11テロ事件が対テロ政策を生み出し、ODAもそこに動員された。日本もイラク派兵を強行し、五〇億ドルのODAをイラクに供与した。派兵とODAが「車の両輪」とされたことはその後のODA政策に大きな影響を与えることとなる。

こうした経過から二〇〇三年八月にODA大綱が改定された。理念―目的において、「我が国の安全と繁栄の確保に資すること」が第一に掲げられている。国益とする表現は避けているが、その内実はまさに国益のことである。

川底が見えるマハット川（コトパンジャン）

　さらに、「多発する紛争やテロは深刻の度を高めており、これらを予防し、平和を構築するとともに、民主化や人権の保障を促進し、個々の人間の尊厳を守ること」を明記している。平和構築という用語が初めて明示された。
　このように、二〇〇三年改定のＯＤＡ大綱は実質的に国益と安全保障を打ち出すこととなった。それから十二年後、改定されて開発協力大綱となった。ＯＤＡが自己否定したかのように援助が消え、軍事利用が解禁されるに至ったのである。だが、ＯＤＡの歴史を振り返ると、一連の流れは予想されたことでもある。

6　開発協力大綱とは

　外務省は、ＯＤＡの意義について「我

が国外交を推進し、国際貢献を果たす上で最も重要な外交手段の一つ」であり、「開発途上国の安定と発展や地球規模課題の解決に貢献することは、我が国自身の国益にかなうもの」と捉え、「日本の存在感を示すとともに、日本の知恵とシステムが普及・浸透（ソフトパワーの拡大）。新成長戦略の推進にも貢献」との説明をしている。ここには「援助」という用語さえ使われていない。

新旧のODA大綱が見直され二〇一五年二月に開発協力大綱へ鞍替えされた。開発協力大綱の特徴は、「要請主義」から「提案型」への変更・「国益」の明記・軍事解禁・安全保障への傾斜である。総じて外交と戦争のためのODAに純化している。

「要請主義」から「提案型」への変更とは何か。

開発協力の目的について「開発課題や人道問題への対処に、これまで以上に積極的に寄与し、国際社会を力強く主導していく」といい、「外交を機動的に展開していく上で、開発協力は最も重要な手段の一つであり、『未来への投資』」と位置付ける。さらに、基本方針で「我が国から積極的に提案を行うことを含め、当該国の政府や地域機関を含む様々な主体との対話・協働を重視」すると語る。

そして、実施上の原則において「開発途上国自身の開発政策や開発計画および支援対象となる国や課題の我が国にとって戦略的重要性を十分踏まえ、必要な重点化を図りつつ、我が国の外交政策に基づいた戦略的かつ効果的な開発協力方針の策定・目標設定を行う」としている。

「主導」「未来への投資」「積極的な提案」「戦略的かつ効果的な開発協力方針の策定・目標設定」という表現はまさに「提案型」を象徴するものとなっている。このことはODA大綱の見直しという範囲を超えており、だからこそ開発協力大綱へと名称までも変える意味を持っていた。「名称を変更したのは、これまでの手法にとらわれず、『日本の判断でより主体的に援助する』（外務省国際協力局）ためだ」と報じられたように、「提案型」への変更はこれまでのＯＤＡを別の方向に向けていこうとする宣言でもある。

「ＯＤＡ大綱改悪・インド原発輸出問題学習会」（大阪、2015年２月25日）

この変更を望んでいたのがＯＤＡを自らの使い勝手のいいように利用したい財界である。経団連は、「要請主義の考え方を実体に即して修正したこと（中略）は評価される」とする歓迎のコメントを出した。同じく、経済同友会も「我が国の外交政策に基づく『提案型』の姿勢を取ることも明確にしている」と賛同している。

特徴の二点目である「国益」の明記がもたらすものは何か。

安倍政権の外交・防衛の基本方針である「国家安全保障戦略」（二〇一三年十二月十七日閣議決定）は、「国益」を「主権・独立を維持し、領域を保全し、我が国国民の生命・身体・財産の安全を確保することであり、豊かな文化と伝統を継承しつつ、自由と民主主義を基調とする我が国の平和と安全を維持し、その存立を全うすること」、「経済発展を通じて我が国と我が国国民の更なる繁栄を実現し、我が国の平和と安全をより強固なものとすること」、「自由、民主主義、基本的人権の尊重、法の支配といった普遍的価値やルールに基づく国際秩序を維持・擁護すること」という三点にまとめている。

経済同友会の「国益」定義を見ると、「『実行可能』な安全保障の再構築」（二〇一三年四月五日）で次のようにまとめている。「①狭義の『国益』（領土、国民の安全・財産、経済基盤、独立国としての尊厳）②広義の『国益』（在外における資産、人の安全）③日本の繁栄と安定の基盤を為す地域と国際社会の秩序（民主主義、人権の尊重、法治、自由主義、ルールに則った自由貿易）」という三点である。

二つの文書による「国益」定義を比較すると、同じ項目を同じ順番で説明しており、共鳴する内容となっている。経済同友会の定義③で「日本の繁栄と安定の基盤を為す地域の秩序」と書かれ、それを侵すものは「国益」を損じるものであり、場合によっては懲らしめる対象になる。したがって、「国家安全保障戦略」の定義の三点目の意図は非常に危ういものといえよう。

では、開発協力大綱は「国益」をどのように言及しているか。前文において、「平和で安定し、繁栄した国際社会の構築は、我が国の国益とますます分かちがたく結びつく」とする。国際社会との関係から「国益」を語り、「積極的平和主義の立場から（中略）課題の解決に取り組んでいくことは我が国の国益の確保にとって不可欠」という。こうした文脈を見ると、「国家安全保障戦略」および経済同友会の「国益」定義の三番目の内容を示していることになる。

開発協力の目的でも、「我が国の平和と安全の維持、更なる繁栄の実現、安定性および透明性が高く見通しがつきやすい国際環境の実現、普遍的価値に基づく国際秩序の維持・擁護といった国益の確保」とある。前述の二つの「国益」定義に当てはめると、二番目と三番目と同じ内容を語ったものとなる。

このように見てくると、「国益」を脅かすものには軍事力を持って対応しようとする衝動力を開発協力大綱は内包せざるをえなくなる。ここから三点目の特徴である軍支援の「解禁」が生まれてくるのである。

たしかに基本方針では、「開発協力の軍事的用途および国際紛争助長への使用を回避するとの原則を遵守」としている。だが、実施上の原則で「非軍事目的の開発協力に相手国の軍又は軍籍を有する者が関係する場合には、その実質的意義に着目し、個別具体的に検討」とする抜け穴が用意された。

二〇一五年二月十日、非軍事の透明性とその具体的な担保について岸田外相（当時）は、「軍が関与するけれども、あくまでも非軍事的な取り組みであるという事例は最近どんどん増え（中略）大綱において明確に考え方あるいは基準みたいなものを明らかにする」ことが透明性の一つといい、「国民の皆さんからしっかり理解されるように運用していく」ことを担保にするとした。この説明では担保の具体性がみえない。

軍支援禁止を決めているＯＤＡ大綱下であっても実質的な軍支援が行われていた。一九九九年、ＪＩＣＡのセミナーにインドネシアの参謀長を招く。二〇〇六年、インドネシアに巡視船三隻を供与。二〇一三年、ジブチやナイジェリアに軍事関連機材などを供与。二〇一三年、フィリピンに巡視船一〇隻を供与。二〇一三年、セネガルの陸軍病院を改修。二〇一四年、ベトナムに巡視船転用を前提とした中古船六隻を供与。二〇一四年、ミャンマーの軍人を日本に留学等々。

これらは例外とされてきたが、例外も積み重ねられると実績となって例外でなくなる。軍支援の明確化は透明性の前進ではなく、その実績を追認しているにすぎない。問われるべきは禁止原則が遵守されなかったことにある。

そして、四点目の特徴である安全保障への傾斜はどう進められようとしているのか。

重点課題で、「紛争予防や紛争下の緊急人道支援、紛争終結促進、紛争後の緊急人道支援から復旧復興・開発支援までの切れ目のない平和構築支援を行う」としている。

さらに、「統治機能の回復、地雷・不発弾除去や小型武器回収、治安の回復等、必要な支援を行う」ことや「海上保安能力を含む法執行機関の能力強化、テロ対策や麻薬取引、人身取引対策等の国際組織犯罪対策を含む治安維持能力強化、海洋・宇宙空間・サイバー空間といった国際公共財に関わる開発途上国の能力強化等、必要な支援を行う」とまで言及している。安全保障分野を網羅する捉え方なのである。

これだけではない。実施上の原則では、「テロや大量破壊兵器の拡散を防止する等、国際社会の平和と安定を維持・強化する」とともに「平和構築に係る支援等、政情・治安が不安定な地域での支援に際しては、十分な安全対策や体制整備を行う」としながら、実施体制で「国際平和協力においてもその効果を最大化するため、国際連合平和維持活動（ＰＫＯ）等の国際平和協力活動との連携推進に引き続き取り組む」と踏み込んでいる。

　こうした安全保障分野への傾斜からは軍支援の「解禁」のその先が見えてくる。「切れ目のない」関わり方をすれば軍事と非軍事の境界を曖昧にせざるをえず、軍支援の原則禁止は空文化するだろう。軍支援の「解禁」と安全保障への傾斜は一体のものとして捉えるべきである。

7　ＯＤＡと安全保障の結びつき

　安全保障分野においてＯＤＡとの連携が取り上げられたのは二十余年ほど前からである。一九九四年に細川首相の私設諮問機関として設置された「防衛問題懇談会」が防衛大綱への提言として「日本の安全保障と防衛力のあり方〜21世紀へ向けての展望」を同年八月十二日に発表した。そこでは、「平和維持活動の民生部門や、紛争収拾後の平和建設が安全保障のための国際協力の重要な分野である（中略）開発援助（ＯＤＡ）政策をこのため積極的に利用すべき」と書かれ、安全保障とＯＤＡが関連付けられた。

　これを皮切りに安全保障分野から安全保障とＯＤＡの連携について言及されていく。二〇〇四年十月、小泉首相の私的諮問機関「安全保障と防衛力に関する懇談会」は「『安全保障と防衛力に関する懇談会』報告書」において、「国際平和構築や人間の安全保障実現に向けた活動は、それ自体が日本の安全保障に直結する活動」であり、「二国間の開発援助は、多くの国々の国づくりに役立ち、経済発展に貢献し、実質的にわが国の安全保障にも寄与してきた」との認識を示した。

二〇〇四年十二月十日に「平成十七年度以降に係る防衛計画の大綱」が閣議決定される。「国際的な安全保障環境を改善し、我が国の安全と繁栄の確保に資するため、政府開発援助（ＯＤＡ）の戦略的な活用を含め外交活動を積極的に推進する」としてＯＤＡ活用が提起されている。

「安全保障と防衛力に関する懇談会」は二〇〇九年八月に「『安全保障と防衛力に関する懇談会』報告書」を発表した。ここでは「国際平和協力法を改正する際には、民軍協力、ＯＤＡとの連携、外国部隊との協働などを想定して業務の範囲を拡大する」とした。すでに安全保障とＯＤＡとの連携は当然のようになっている。

二〇一〇年八月、鳩山首相の諮問機関だった「新たな時代の安全保障と防衛力に関する懇談会」が「新たな時代における日本の安全保障と防衛力の将来構想」を菅首相に提出した。「テロや海賊が生まれる社会・経済的な原因にも着目し、その状況を軽減するためにも戦略的なＯＤＡの活用を検討し、推進する」としてより深い連携を求めている。

二〇一一年七月四日、政府は「ＰＫＯの在り方に関する懇談会」の「『ＰＫＯの在り方に関する懇談会』中間取りまとめ」を公表した。「オール・ジャパンとしてのトータルな平和協力（ＯＤＡの活用、ＮＧＯ・民間セクターとの協力等）の中でのＰＫＯ活動の位置づけ」を掲げ、ＯＤＡ活用が語られている。

安倍政権になると、二〇一三年十二月十七日には国家安全保障の基本方針である「国家安全保障戦略」が打ち出される。ここではＯＤＡ政策にも指針を与えると書かれており、「ＰＫＯ等に一層積極的に協力する。その際、ＯＤＡ事業との連携を図る」とされたのである。

「開発援助（ODA）と原発輸出のココが問題・パネル展」（東京、2015年7月12日）

「国家安全保障戦略」が与えたものは大きく、外務省に設置された「ODA大綱見直しに関する有識者懇談会」の「ODA大綱見直しに関する有識者懇談会報告書」（二〇一四年六月）が「国家安全保障戦略」「日本再興戦略」の内容を反映して作成された。開発協力大綱はこの報告書を基盤にしている。

安全保障とODAの連携は文書上だけに留まっていない。現場においてはODAと「陸上自衛隊による人道復興支援が『車の両輪』として連携し、『オールジャパン』のアプローチが試みられた」のである。連携はさらに深まり、「自衛隊の国際活動とODAの相乗効果を高めるため、平素より政策・現場の両方において相互の意志疎通がしやすいよう環境を整備することが重要」であり、「共同でまとめたマニュアル作成など」を目指して二〇一四年十月から防衛省とJICA本部との人事交流が始まったのである。

以上は安全保障からみたODAであったが、その逆はどうか。

一九九九年の「ODA中期政策」は重点課題の中で、「紛争後の平和構築および復興に際し、難民や元兵士等の再定住および社会復帰のための支援を積極的に行う」と述べている。

JICAは一九九九年十月に平和構築研究会を設立し、一年半をかけて「事業戦略調査研究平和構築――人間の安全保障の確保に向けて――報告書」(二〇〇一年四月)に研究結果を取りまとめた。二〇〇三年のODA大綱にも重点課題として「平和構築」が明記されている。

開発協力大綱が強調するカギ概念の一つは「平和構築」である。この概念は冷戦終結後に使われるようになったが、その定義は国際的に統一されていない。JICAが定義するものは、「紛争の発生と再発を予防し、戦争時とその直後に人々が直面する様々な困難を緩和し、そしてその後の長期にわたる安定的な発展を達成することを目的とした協力」である。

この定義では平和構築が抱える問題点が見えてこない。「JICAだけでは平和構築に取り組むことは不可能であることや、特に緊急援助については、PKOとの関係を整理することが不可欠」としていることから安全保障分野との連携が想定されていることは明らかだ。現実には「軍事的手段のみによる紛争解決は不可能であるが、軍事組織の役割を考慮しない平和構築には限界がある」とされており、平和構築には安全保障との関わりが求められているのである。

「国家安全保障戦略」と「日本再興戦略」という戦略文書は、「国家安全保障戦略」が安全保障分野へ、「日本再興戦略」がインフラ輸出と資源確保へ、ともにODA活用を打ち出している。ODAから「援助」という内容を実質的に取り外してしまう必要があった。だからこそ新たなOD

A大綱の見直しという枠ではなく、新しく衣替えしたものへ切り替えることとなったのである。

8　ODAの廃止へ

新旧のODA大綱は、時々の国際紛争の影響を受けつつ、「援助」という建前と本質との折り合いをつけてきたといえよう。開発協力大綱はその折り合いを不要とし、建前を放棄して本質を露呈させたものである。すなわち、ODAが外交と戦争の道具であることを明らかにしたのである。

ODA大綱策定の背景をもう一度確認しよう。一九九二年のODA大綱策定に際し、「ODAが日本の外交手段として明確に位置づけられたのは、一九九〇年のイラクのクウェート侵攻にともなう湾岸危機から翌年の湾岸戦争にかけてのことでだった。『中東貢献策』『国際貢献』と名づけられた日本の戦争加担策の柱として、自衛隊の海外派兵と並んでODAが位置づけ」（藤林泰・長瀬理英編著『ODAをどう変えればいいのか』より）られた。

二〇〇三年のODA大綱は9・11テロ事件の影響を大きく受けている。この大綱では実質的な「国益」重視の展開がなされ、テロや紛争の文字が何度も登場するように安全保障への言及がある。一九九二年のODA大綱が保っていた四指針を放棄して、ODAを外交と戦争の手段にしようと志向しており、他にも要請主義から政策協議へ変更しようとしている。こうした内容は開発協力大綱の先取りとなっている。

開発協力大綱はこれまでの「援助」という概念を放棄してしまい、開発協力という別の分野に踏み込んだ内容となっている。開発協力大綱とは、ＯＤＡから「援助」という美名をなくし、これまでのＯＤＡ大綱の枠を取り払い、そしてＯＤＡの本質を露呈させる宣言であった。

今やＯＤＡはその言葉が意味する内容を失っていると言わざるをえない。軍事化が加速化している現状においてＯＤＡがこれと無縁のままでいることはできないだろう。その証拠に開発協力大綱は軍事化とＯＤＡをパッケージさせることを求めているではないか。そうであるならば、「援助」に値しないＯＤＡ、さらには軍事に引きずられるＯＤＡは廃止すべきである。

（石橋和彦・「支援する会」幹事）

第6章　コトパンジャン裁判に関わって

コトパンジャン・ダム問題との関わり

上京し、インドネシア語の語学学校に通うかたわら、当時渋谷に事務所があった「地球の友」（現在はFoE Japan）のスタッフとして働き始めたのが一九九一年四月のことだった。その翌五月にインドネシア森林保全ネットワーク（SKEPHI）事務局長のヒラ・ジャムタニさんが来日された。

ヒラさんは、横浜市立大学教授の鷲見一夫さん、「地球の友」事務局長の田中幸夫さんらと海外経済協力基金（OECF）や関係省庁を回り、コトパンジャン・ダムに対する融資を中止するよう求めた。当時、専門的な知識などを持ち合わせていなかった自分のできる仕事といえば、そうした関係省庁まわりの際のアテンドや関連する英語資料の下訳などをすることだった。

その後、九月七日にバトゥ・ブルスラット村の慣習法指導者のひとりであるアニス・Jさんと SKEPHIスタッフのイェニー・ロサ・ダマヤンティさんが来日し、関係省庁、OECF、国会議員を回りコトパンジャン・ダムへの融資の中止を訴えた。身の安全のため、仮名での活動であった。

九月十三日には、ODAに関するシンポジウムが船橋でおこなわれ、アニスさん、イェニーさんのほか、鷲見さん、上智大学教授の村井吉敬さん、外務省の石橋太郎有償資金協力課長らが出席した。

第１次提訴後の記者会見（東京、2002年９月）

一九九一年暮れから、インドネシアに留学することになったが、コトパンジャン・ダムのことはずっと気にはなっていた。その後、一九九三年八月に村井さん、藤林泰さんらとコトパンジャン・ダムの現地を見に行くことになり、コト・ラナ地区に移転したプロウ・ガダン村を訪れた。

住民から話を聞くと、住民全体の中でも補償金を受け取っているのは半分しかいない、現在植えられているゴムの木はその収穫までに四、五年かかり、その間住民は現金収入がない、政府から支給されている生活保障も一年だけで八月末には打ち切られる、といった問題が指摘された。

翌年の一九九四年にも現地を訪れたが、未払いの補償金、ゴム園の未整備、使えない井戸など問題は残ったままだった。

その後、何度か現地を訪問したが、最も

東京地裁前（2005年10月17日）

長く滞在したのは、一九九七年九月から十一月にかけての三カ月間で、この時はタンジュン・パウ村に滞在した。当時通っていたボゴールの大学から調査許可を申請し西ジャワ州経由で西スマトラ州から許可を得た。

村では五〇世帯から聞き取りをおこない、その結果、移転前と比べ半数以上の世帯で生活水準が下がっており、またゴム園の未整備、飲料水の不足、補償金の未払いなどさまざまな問題が残されていることがわかった。その後、飲料水の問題については、近くの川から居住地までをパイプで結び、簡易水道を造ったため一部は解消できた。

二〇〇一年になって、ジュビリー関西ネットワークの内富一さんと河田菜摘さんが上智大学に来られた。その際開かれた会合においてふたりは現地住民への支援を呼びかけられた。七月には、タンジュン・パウ村元村長のマスルル・サリムさん、ブキティンギ法律擁護事務所の弁護士のアデル・ユシルマンさん、タラタック協会のアルメン・ムハマッドさんが来日し、キャンペーン・ツアーが実施され、通訳として同行した。

そして十一月七日にはコトパンジャン・ダム被害者住民闘争協議会が、また日本でも十二月七日にコトパンジャン・ダム被害者住民を支援する会が発足した。

二〇〇二年三月には弁護士の浅野史生さん、古川美さんらの現地調査に同行し、ジャカルタではインドネシア環境フォーラム（ＷＡＬＨＩ）と会合が開かれ、原告として参加できないか話し合いがもたれた。

その後、五月二十七日、二十八日には西スマトラ州のパダンで住民代表大会が開かれ、弁護士の大口昭彦さんらが参加された。その際も通訳などを務めた。そして同年九月五日、第一次提訴がおこなわれ一六名の住民代表が来日した。また翌二〇〇三年三月二十八日には第二次提訴がおこなわれた。

その後、七月三日には第一回口頭弁論が開かれ、コトパンジャン・ダム被害者住民闘争協議会事務局長のイスワディ・サリムさんが意見陳述をおこなった。この時、原告側の通訳として原告席で、イスワディさんの通訳を務めた。その後、八月におこなわれた弁護士の奥村秀二さんらの現地調査にも同行し通訳を務めた。

日本での裁判にあたりインドネシア側では、アドボカシー（支援）・チームが結成された。このチームには、タラタック協会、西スマトラとリアウの法律擁護事務所、ＷＡＬＨＩ全国、西スマトラとリアウのＷＡＬＨＩ、市民による調査とアドボカシー機関（ＥＬＳＡＭ）、インドネシア教育法律擁護協会（ＹＰＢＨＩ）、そしてコトパンジャン・ダム被害者住民闘争協議会が参加した。こうした団体の参加、協力があったからこそ日本での提訴までたどり着くことができたと思う。

最後に、いまも気になっていることは、ポンカイ・バル村とタンジュン・アライ村のアススト屋根の問題である。経済的に余裕のある世帯なら、新しく家を建て替えられるが、貧しい世帯はそれもできず、さらなる健康被害を受け続けることになる。住民自身で解決できればよいが、それが無理ならばなんらかの支援が必要ではないかと思う。

（久保康之）

ジュビリー関西ネットワークとコトパンジャン・ダム

ジュビリー関西ネットワークは、二〇〇〇年五月に出来た国際債務帳消しを求めるＮＧＯで、現在は活動を休止している。ここにこの活動を記すことによって、コトパンジャン・ダム被害者との連帯への軌跡の記述をさせて頂く。

国際的な債務問題がこの世界の大変深刻な問題として理解され始めたのは一九九〇年代初めであるが、世界的な債務帳消し運動ジュビリー２０００のキャンペーンに促される形で日本にも債務問題を取り上げるグループが出来てきた。私達のグループも関西の地で活動する世界的な流れの中にあるグループだった。

　ジュビリー関西は、当初、二〇〇〇年七月の沖縄サミットに向けたキャンペーン組織として元代表の小林聡牧師（日本聖公会）の呼びかけに応えた一〇人前後の有志が集まり発足した。

　沖縄サミット後、「『短距離走者』型のキャンペーン組織から『長距離ランナー』型の自立したNGOへの改組が必要」との声が会員の中から湧き起こり、二〇〇〇年を超えて途上国債務の即時無条件の完全な帳消しの必要性を日本の市民社会の中で訴えていくことを確認した。

　当時日本は世界一の債権国であり、日本のODAが途上国の債務を膨れ上がらせ人々の生活を破壊し続けてきた。以前に郵便貯金や年金がODAの大部分に使われていたことを大概の日本市民は知ら

福井聖三一教会（ホームページより）

ない。

私たちジュビリー関西は次のように考えた。

「債務帳消し」問題の本質とは、北側諸国政府がしばしば使っている「債務救済」や「免除」なのではなく、歴史的な植民地支配の責任や現在の「債務環境」の問題を含む「債務と構造調整政策による『北』による『南』の支配の構造そのものを変革する闘い」(ジュビリーサウス)の第一歩なのだということである。

私たちがめざすものは、南北問題の本質である「構造的暴力」そのものの根絶であり、そのためには常に南側の視点(ジュビリーサウスの主張)を大切にしながら運動を進めていくという立場だ。

途上国の貧困問題解決をめざして開始されたジュビリー・キャンペーンであるが、私たちがこの問題の解決をめざすのは、日本のマスコミが言っているような「豊かな国の私たちが貧しい国の人々を助ける」式のチャリティなのではない。

重要なのは、こうした貧困を生み出している「構造的暴力」をなくさないかぎり、私たちを否応無く巻き込んでいる大量失業や貧困化、戦争準備(有事法制や海外派兵、基地強化)など、この日本社会の問題も解決しないのだということだ。

南アフリカや米国など先進的な労働運動はジュビリー・キャンペーンに積極的な支援を続けてきたが、この点についてはぜひ日本の労働組合や労働者の方々に訴えていきたいポイントである。すべての日本の市民がこうした意識を共有化できた時、私たちの社会そのものも変革されるだろう。

債務の問題を生み出しているのは私たち自身なのであり、それは「債務ブーメラン」として私たちの生活に跳ね返ってきている。

ジュビリー関西ネットワークには、それまで南アフリカやフィリピンなど第三世界への支援活動をおこなってきた人々、環境保護に取り組んできた人々、ODA改革を訴えてきた人々、沖縄基地反対やジュゴン保護などを闘ってきた人々、さらに宗教的良心や「アフリカやラテンアメリカが大好き」「好きなミュージシャンが訴えているから」との理由で参加した人々など、様々な人たちが参加してきた。

ジュビリー関西としては、債務問題を通じたそれぞれのメンバーの問題意識や取り組みの交流・共有化を追求しており、ニュースレター発行、講演会、学習会、合宿、日本のODAによる被害を受けたインドネシアのコトパンジャン・ダム被害者の方々との連帯キャンペーンなどに取り組んできた。

現在はコトパンジャン・ダム被害者との直接の関わりを持ってないが、ここで述べた思いと決意は今も変わらずに続いている。

二〇一七年七月現在、アメリカはじめ、世界の軍事的予算が二〇〇〇年当時に比べて倍以上に跳ね上がり、あたかも軍事的解決がすべてであるかのような雰囲気が作り出されている。しかし、この十七年の間に流れ続けている思いは確実に広がり、受け継がれていくと信じている。その意味で、ジュビリー活動もまた新しい取り組みを模索する時かもしれない。

（小林聡・ジュビリー関西ネットワーク元代表）

赤道を越えた、これが？／十五年前の取材から

9・11事件から半年足らず。世間では航空機への「不安」が残っていた。二〇〇二年三月二十一日、初めてのインドネシア。スマトラの空港に一人降り立った。他のメンバーに遅れること数時間。「誰か迎えに」と聞いていた。メンバーを探して空港内を右に左にウロウロ。誰もいない。挙動の「不自然さ」を見てとった数人の男たちが寄ってきた。「俺に任せろ。行き先に送ってやる」と言っているようだ、多分。「友人が迎えに来るから構わないでくれ」と言ってはみたが、離れない。頭に浮かぶのは「タクシーには注意せよ」とインドネシア初体験者へのアドバイス。さてどうしたものか。

そこに「どうしました」と日本語が。「筑波で研修した」というパイロットが通りかかった。「助かった」と思った。タクシー乗り場に案内してくれた。心から礼を言った。ニッコリほほ笑んだ彼は、手の平を上に向け差し出し「おみあげ」と言った。唖然とした。「日本のしきたりにはない」ととっさに答えたが、参った。

タクシードライバーに行き先を告げた。乗車時に値段を決めるのが鉄則と聞いた。相場だった。あとは「友人」のいるホテルに無事着くのか。トランクに入れた荷物は手元に戻るか。覚悟を決め、身を任せた。

タンジュン村（2002年3月）

彼らの名誉のために一言付け加えるとすれば、疑心暗鬼はこちらの心の中で生じるものだということだ。

「これが赤道」。ブキティンギの街からダムサイトに向かう山道に突然現れた。南北のラインを越えた？　朝鮮半島なら別だが、どうと言うことはなかった。目標はまだ先だ。

「丘陵地をゆるやかに流れる二つの川の合流点から一〇キロ下流をせき止めた。高さ五八メートルほどの中規模ダムにもかかわらず、ダム湖はそれぞれ五〇キロ近く上流にまで及んだ。水没面積一二四平方キロメートル」と紹介した（「週刊MDS」七三四号）。

今さらながら、驚いた。平均河床勾配は約千分の一。ダム建設地にはあり得ない緩さだ。ダム湖の縁をたどるように「移転先」の村々を回った。位置関係がつかめず、なんとなく落ち着かない。手にした市販の地図には、ダム湖もなければ、「新」村もなかった。

後日、ODA資料中の図面が示された。水没村と移転先が記されていた。大きく引き延ばして、村々で撮った写真を貼ってみた。水没しないはずの村が沈んだ。地形さえまともに測量されていなかったのかと思えてくる。

ミナンカバウ。共有地の慣習を知った。ちょうど『公共事業はどこが間違っているのか？　コモンズ行動学入門』（熊本一規著）から、入会権・漁業権・水利権の考え方を学んだところだった。「総有」概念が新鮮だった。「公共事業」が地域の生活を、文化を破壊する。目の前にいやになるほどの実例がある。

向学心に燃えていた若いころ、大学志望学科は当時最も必須単位数が多かった土木工学科を選んだ。入学後、教授陣が口にするのは「建築」志望ながら第二志望「土木」で合格した学生向けの慰めの言葉ばかりだった。「土木」は不評なのか。必須単位も工学部では最少の部類になった。そんな講義で、少しでも将来に希望を持たせようとしているのか。「日本の土木技術は東南アジアのインフラを支えている」的なことを話す教員がいた。筆頭に挙げられたのがコンサルタント日本工営。超一流企業だと刷り込まれた。今から四十二年前のことだ。

「三月初め、JBIC（国際協力銀行）が調査団と称し、コンサルタント会社・日本工営の職員や地元の大学、ジャカルタのNGOを送りこんだ。あらたな補償が行われるかのような素振りを見せながら住民の懐柔に乗り出したわけだ」（「週刊ＭＤＳ」同号）。日本工営がコトパンジャン・ダムにも登場した。

日本工営はずっとコンサルタントのトップとして、君臨している。私が、ＯＤＡと戦後賠償金との関連を学んだのはその後かなりたってからだった。土木事務所の職場で、「ＮＯ　ＯＤＡ」のＴシャツを着ていても、「ノー　オダですか？」である。日本の土木技術の優秀さを信奉する業界関係者にどう答えるか。再び、三度の「インフラ外交」。だが目立たなくていい。「アフガンの井戸」のように、地域力を増し、感謝されるインフラであってほしい。

土木事業は歴史的に、権力者が支配してきた。水害を防ぐ治水工事などは統治のバックボーンだ。その上、江戸時代には大名の財力をそぎ幕府の相対的優位を保つために、「お助け普請」など支配の仕組みにも使われた。現代では、利権の巣窟になっている。「開発独裁」という言葉もインドネシア、スハルト体制が具体的イメージとなった。

「訪問団は、被害住民闘争協議会に参加する二三カ村のうち八カ村、約一〇〇〇人の人々に出会った。一〇〇〇キロの道程を走り回って聞いた声は『もうこれ以上がまんできない』という悲痛な叫びだった。人権と環境を犠牲にして得られたものは、わずかの電力にすぎない。その電気も、ダムが追い出した人々の生活を改善するものにはならなかった」（「週刊ＭＤＳ」七三六号）。

それから十五年。現地の被害住民闘争協議会も世代が変わり、裁判では勝てなかった。だが、生活は続いていく。闘いの歴史は受け継がれていく。

私自身、コトパンジャン・ダムから多くのことを学んだ。土木技術のことをシビル・エンジニアと欧米では言う。これも大学時代、評判の良くなかった「土木」に学ぶ「唯一の支え」だった。最近、このシビルはミリタリーの対立概念であることを知った。

自分の持てる技術は役に立つのか。その前に、役立つ「技術」を本当に持っているのか。いずれにしても、「日本工営」ではなく、自治体職員でよかった。

（豊田護・「週刊ＭＤＳ」）

地域に根づいた支援を取り組んで

「コトパンジャン・ダム被害者住民を支援する会—滋賀」（以降、会）は、二〇〇三年三月三十日に初めての地域での集会を開催して以降、今日まで支援活動を続けて来た。

会では、大きく分けて二つの支援活動をしてきた。一つは、裁判を直接支援する取り組みで、もう一つは、この問題を広く知ってもらうための、いろいろな企画への取り組みである。

まず、裁判を支援する取り組みについて。ほぼ毎回の裁判の口頭弁論期日の傍聴と報告集会に参加し、その内容をミーティングで共有し、理解を深めてきた。会では、証人調べや意見陳述で来日された原告やインドネシアの支援者を地域で受け入れる集会や交流会を何度も持つ機会に恵まれた。

これはインドネシア語のできる会員の存在が大きかったと思う。また、独自企画として、弁護

絵本の読み聞かせ（2007年3月31日）

団や事務局の方を講師に集会やミーティングでの学習会も企画した。この事は会がリアルタイムで裁判に寄り添った活動を継続していく力になったと思う。

地域でも永源寺第二ダム訴訟の原告の方との交流企画もした。またある時には、永源寺の清流と緑の自然の中で行われた子どもキャンプにおいて、お話し会の機会も作ってもらった。このキャンプでは、同じように子どもがおられる原告のイスワディさんから、子どもの頃の話、ダムができる前の楽しい暮らし、食べることが難しい子どもがいる今の村の人々のことなどを、大人（親）世代から子ども世代に向けて、分かりやすい言葉で話してもらった。裁判の支援の訴えと共に、原告に地域の人々の姿に触れてもらえる機会になった。

次に、広げるための企画について。コン

サート、写真展、オリジナルの絵本『ぞうのラティフ』の自費出版とムランタウ（ミナンカバウの文化で、若い人々が人生経験を積むために、故郷を一定期間離れて他の地域や海外に働きに出ること、日本語でいう武者修行の様なこと）、「戦争と貧困をなくす国際映画祭」への映像作品出品などを行った。また、マンガを使っての口頭弁論の傍聴呼びかけや報告、写真展の報告も行い、好評だった。

特に会の中では、絵本と三分間の映像作品作りが、苦労しながらも楽しい時間となった。絵本作りでは、近所で子どもたちに絵画教室を開いているという方を訪ねて習いに行ったり、素人ながらも、ミーティングで頭をひねり、対象年齢に相応しい漢字や言葉遣いなど、細かなところまで校正したりもした。そして完成した絵本を持って、北海道と沖縄に「歩くインターネット訪問販売」を行った。そこではいろんな方に出会え、お世話になった。欲張ってたくさんの絵本を持って歩いたので、一日の終わりに肩にコブができていた――「フタこぶラクダ事件」など笑える土産話もあった。映像祭には、三年連続で出品した。どの作品も「コトパンジャン・ダム裁判」を知ってもらうためのインパクト十分な作品になっていた。特に三作目は絵本「ぞうのラティフ」を映像化したものだった。後から効果音を入れたり、人数が少ないので一人一役以上の声優をこなした。会員のSさんは「（活動を通して）自分で歩いているんだという事に意味があると思った。それと熱心に活動している人を近くで見る熱さもあったし、まさか素人の自分が声優をするなんて思っても見なかった」といっていた。

このように運動（支援）を広げるために何をするかということを考えることは楽しかった。どの取り組みも大きな集まりを作ることはできなかったが、「捨てる神」ばかりでなく「拾う神」が

第２次提訴後の記者会見（2003年３月28日）

いっぱいの、裁判支援だった。

支援を広げる上で難しかったのは、あまり知られていないODAやその仕組みを、私達の生活実感から想像することだった。裁判の中ではよく見えることだったが、遠く海外で起きている被害との結びつきをつなげて訴えることは難しかった。また、一人でも多くの原告の方との交流ができ、お互いにもっと知り合うことができていたら…と思っている。

（藤井直美・「コトパンジャン・ダム被害者住民を支援する会―滋賀」）

自然の権利について

一審において、私は、自然の権利部分を担当した。

コトパンジャン・ダム建設により、住民

だけでなく地域に生息する動植物も大きなダメージを受ける。そのことを訴える必要があった。ゾウ、トラ、バクは、当該地域に生息する動物の中でも、水辺の環境の変化に敏感な種である。この中でゾウについては、ダム建設に先立って移転計画が実行されている。しかし、移転先は、元の生息地の代わりとなるような場所ではなく、ゾウにとっての強制収容所だった。他の動植物については、放置されたままだった。しかし、日本の法律では、ゾウ、トラ、バク等は、人の権利の対象となることはあっても、権利の主体として認められていない。いわゆる「自然の権利」は、認められていないのである。

そこで、訴訟では、ゾウ、トラ、バクの地域個体群を含む自然生態系を価値ある物の塊すなわち「財団」とし、人の団体であるＷＡＬＨＩがその管理者を構成し、権利侵害の主張をすることにした。自然生態系は、動物のみで成り立っているわけではない。移動のできない植物があり、それを食料にする動物がいて植物は種の移動を可能にする。動物の排泄物を分解する昆虫、微生物がいる。そして、植物が大気と水の循環に大きな役割を果たしている。それらが相互に関連しながら自然生態系が構成されているのである。

もっとも、日本の法律で「財団」というのは、「一定の目的に寄附された財産を中心としてこれを運営する組織を有するもの」（有斐閣双書民法1）とされている。そのため、上記構成にも、自然生態系を「一定の目的に寄附された財産」といえるのか？　ＷＡＬＨＩがその自然生態系を運営するといえるのか？　そもそも誰がこの自然生態系を「寄附」したというのか？　等という問題があった。インドネシア環境法では、自然は神からの預かり物という考え方が基本にある。そうすると神が自然生態系を「寄附」したといえなくもない。しかし、日本の裁判所で、「財団」構成を維持するのは難しい。ということで、訴訟の途中で「自然生態系」＝「ＷＡＬＨＩ」と読み替えることになった。

この点に関連して注目すべき立法例がある。二〇一七年三月十六日、ＡＦＰにより以下のニュースが配信されている。

「ニュージーランドの議会は十五日、先住民マオリが崇拝する川（ワンガヌイ川）に『法律上の人格』を認める法案を可決した。河川を法人と認める判断は世界初とみられる。」

ニュージーランド議会は、特定の川が権利主張することを法律で認めたのである。

日本では、憲法九条のもとで政府が集団的自衛権を認める法律をつくってしまった。このことに比べれば、「自然生態系」を権利主体とする法律をつくることは簡単なことのようにも思われる。

もっとも、ニュージーランドでは、ワンガヌイ川の周辺に暮らすマオリの部族が一八七〇年代から川をめぐる権利を主張しており、長期にわたる法的な争いがあって立法に至ったのだそうだ。権利を認めさせるためには、権利獲得のための人々の闘いが必要である。

さて、ゾウ、トラ、バクの地域個体群を含む生態系を「権利主体」と構成するに際し、ゾウについては足型の印を押した委任状を裁判所に提出した。しかし、トラ、バクの委任状は得られなかった。しかも、ゾウに対し、「裁判をやるから足型を押して」といって承諾を得たわけでもなく、個体群といいつつ一頭の足型を得ただけである。もちろん訴訟の見通しについての説明もしていない。人の都合で、「自然生態系」を利用したといわれても仕方ない。

ただ、これは、「自然生態系」の破壊と「自然生態系」の回復のための名目利用を比較した場合、後者により価値があるとの価値判断から許されるのだと思っている。

コトパンジャン・ダム建設は、いわば公共事業の海外輸出だった。大量生産、大量消費の社会では、大規模な発電所を造り電気を大量消費することが当たり前である。このような考えのもと日本政府は大規模ダムをスマトラに輸出した。大規模な開発は当然のように大規模な自然の破壊を伴う。コンサルタント会社にしろ、建設会社にしろ国内市場が飽和状態になると、海外に市場を求めることになる。大規模な企業であればこれを維持するため政府が海外進出を後押しする。政府開発援助は、他国のためという名目のもとで、かかる構造がベースとなっている。原発の輸出も武器の輸出も同じ構造からきている。

かつて、「大きいことは、良いことだ。」といわれた時代があった。しかし、現在、「大きいことは、悪いことだ」といってほぼ間違いはない。

（古川美・弁護士）

〝情けは人の為ならず〟

「情けは人の為ならず」とは、「情けをかけても結局はその人のためにならない」と良く誤って使われることわざであるが、本来の意味は、「情けは人の為だけではなく、いずれ巡り巡って自

スタディツアー（2010年12月）

分に恩恵が返ってくるのだから、誰にでも親切にせよ」ということである。

ＯＤＡ（政府開発援助）は、以前にはこのように表現されていた。途上国に援助することによって日本の評判が上がり、日本企業も仕事がしやすくなる等々。二〇一五年の「開発協力大綱」制定を機に「国益ＯＤＡ」「戦略ＯＤＡ」としてグローバル企業の金儲けのためにＯＤＡを戦略的に活用する路線が強化されるより以前には。

コトパンジャン・ダム裁判は、この「人道援助」の冠がかぶせられたＯＤＡであっても、援助される側の住民と環境に深刻な被害をもたらすことを余すところなく明らかにした。

私がコトパンジャン・ダム裁判に加わったのは、二〇〇二年九月の第一回提訴直前である。提訴と共に、原告となるダム建設の被害に遭った一〇カ村の代表者と支援する弁護士、

NGO（タラタック協会）、そして、スマトラ象などの希少動物を含む自然環境の被害を訴える環境原告となるWALHI（インドネシア環境フォーラム）の代表者を日本に迎えて、東京、大阪を初めとして全国キャンペーンの準備に支援する会が取りかかろうとしている時期であった。

私は、キャンペーンツアーで東京地裁の口頭弁論や広島へと原告たちに同行したのであるが、「村を代表して日本に来た。日本には正義はあるか」と胸を張って語る訴えに裁判にかける意気込みに触れることとなった。また、学生たちが奮闘したり、「コトパンジャズ」というジャズ演奏と結合したイベントなど、各地の交流会では創意ある企画が催された。

翌年一月の最初の現地訪問は、衝撃の連続であった。パダンからブキティンギへのタクシーはオンボロ車のため途中でエンスト。山道にガードレールはなく路肩は崩れ、谷底が直ぐ下に見える。なのに、車はやかましくクラクションを鳴らしながら一〇〇キロ近いスピードで一〇センチの車間ですれ違う。ダム湖を横断するために乗ったボートには穴が開いており、どんどんと湖水が入ってくるので交替で水を汲み出す。タラタック協会のメンバーは、これを「ディス・イズ・インドネシア」と笑っていた。

移転地の村で会った原告たちは、人懐っこい農夫であり、敬虔なイスラム教徒であった。調査のために「ヤギ小屋」と言われた粗末な住居にお邪魔すると、必ず出てきたのが、砂糖たっぷりの甘いスマトラコーヒーであった。男性は、これとタバコだけで何時間も討議する。ミナンカバウ人は本当に討議が好きだ。インドネシア語は良くわからなかったが、裁判に関する重要な問題を討議した夜を徹してのムシャワラ（会議）の記憶は今も残っている。

ダム被害の調査で、バトゥ・ブルスラット村のゴム園に入ったことが思い出される。数十分かけてダム湖を横切り、たどり着いた岸から森林をかけ分けていく。同行した青年がインドネシア語で「ここがゴム園だ」と説明してくれたその場所も雑木林のようでとても住民が管理できる代物ではない。インドネシア共和国政府が被害補償として住民に供与したゴム園の困難な実態が良く分かった。これらゴム園の多くは、安値で売却されてしまった。

裁判で控訴理由書の一部を執筆することになり、コトパンジャン・ダム建設計画の始まりから提訴に至るまでの膨大な資料を調査することになったのは貴重な経験であった。文書提出命令によって、東電設計が提出した詳細設計書等には、彼らが約二〇億円で受注したコンサルタント契約の内訳が記載されていた。

そこには、現場監督一名の人件費の年間合計は何と一億円であることが記載されていた。もちろん本人に支払われる訳ではなく、会社の懐に入るのであるが、この例からもＯＤＡがいかに企業の金儲けに使われているかが良くわかる。

ダムで水没した旧一〇カ村のうちコト・トウオ村は、「豊かな村」として有名であった。それは、「経済的に豊か」と言うことではなく、「農業が盛んで、文化・教育的に豊か」という意味であり、共有地（タナ・ウラヤット）が象徴するミナンカバウ人の共有財産、助け合いを表している。コトパンジャン・ダムの建設は、そうした住民を貨幣経済に追い込み、独特の文化を破壊してしまった。

残念ながら裁判では、勝訴を勝ち取ることができなかったが、様々な運動を通して、「人道援助」の美名の下でＯＤＡが被援助国の住民に深刻な被害を与えていることを国際的に明らかにするとともに、援助国である日本市民と被援助国インドネシア市民の連帯をつくりだした。

「戦略ＯＤＡ」路線が強化されようとしている今日、私たちの貴重な経験と資料を最大に活用して、これを許さない運動に生かしていく決意である。

（三ツ林安治・「支援する会」幹事）

インドネシア現地訪問、来日者のアテンド、キャンペーン行動を重ねて

コトパンジャン地域は、スマトラ島西側のパダンから悪路を車で四時間の秘境の地であった。ダム湖、その周辺の移住地の集落に向かう。日本のダムのイメージは、黒四ダムのように山岳地域のものだ。しかし、このダムは、比較的平坦な所で、東京でいえば、山手線の内側に相当する一二四平方キロメートルもの地域を水没させたのだ。だから、流域に住んでいた一万七〇〇〇人もの人たちが立ち退き、移住することになった。発電量一一〇メガワットのために、巨大な環境破壊、住民泣かせのプロジェクトだった。まさに、より大きな金額の動くプロジェクトにＪＩＣＡ（調査）、ＪＢＩＣ（融資）、東電設計（設計、監理）、受注企業を誘導したものだった。

現地では、闘争協議会事務局長イスワディさんのワルン（食事、休憩所）を拠点にした、住民への聞き取り、個人を特定するための写真撮影、代表の鷲見教授と小屋に泊まっての活動ということになった。

住民闘争協議会（2013年1月13日）

移住によって政府が用意した粗末な家。ヤギ小屋とも呼ばれ、すでに建て替えているところもあった。生計を得るためのゴムの木からの樹液の収集、アブラ・ヤシのプランテーションなど、初めて見るものであった。

住民が望んだわけでもない、軍の圧力のもと、強制移住になり、生活が立ち行かなくなった実態を目の当たりにした。移住地は高台にあり、飲み水の確保、仕事場への移動にも苦労することになる。約束されていたはずの、ゴムの木が成長していない。日本のODA、援助金がなければ、住民たちの苦労はなかったという原告たちの訴えを聞いて、この裁判を支えなければと思った。川の民と呼ばれ、豊かな生活、ミナンカバウ文化があったところだった。ある村長さんの結婚式に行く機会があり、それは村民総出でミナンカバウ文化を象徴するものであった。

ジャーナリスト伊藤隆司さんも同行された。この闘いを広く訴えるために、写真展をしようと思った。立派なパネル一〇点にし、「ODAのダムに沈んだ村」と銘打った写真展だった。二〇一一年三月、福島原発事故以降は、「本当の福島」パネル展と一緒に、ODA裁判のポイントも追加した写真展を東京都江東区西大島などの会場で開催していった。一般の人にコトパン問題を訴える良い機会だった。

ODAや、援助に関心を示す学生が多くいた。「アジアの貧しい人たちを助ける」という名目の開発援助が、ほんとうに住民のためになっているのかが論点だ。東京農大、慶応の日吉校舎で来日したインドネシア原告とともに学生たちと学習交流をもった。こうした関心の高さは、地裁提訴時、地裁判決時に、TV局がしっかり特集する報道番組(ニュース23など)に反映されていったのだと思う。

東京地裁、高裁と裁判が続き、来日する原告のアテンド、集会を重ねていった。原告の人は、インドネシアの自分の村から出たこともない人も多くいた。まして、日本は初めて。冬の時期でも、裸足にスリッパであった。食事も問題になる。敬虔なムスリムには、豚がダメということで、ラーメンなどもエキスが入っているので食べられない。何を食べたらいいのか考えさせられた。亡くなったラサドさんは、ずっと、みそ汁をはずした焼き魚定食だった。

裁判では、「被害があったとしても相手国の内政問題」「基本的に相手国の要請に基づくもので、日本側に責任はない」として逃げられた。ODAは、まさに国策だったのだ。この言い方は、二

○一六年インドへの原発輸出問題、日印原子力協定での、外務省答弁でも引き継がれている。だが、この闘い、「裁判なんてできっこない」と言われていたものが、闘い切り、ＯＤＡ援助の在り方を提起するものになったのは、間違いない。

（山口兼男・「支援する会」幹事）

問題は何も解決していない――原告の声

コトパンジャンの住民は日本で起こした裁判に負けた。だが、彼らはこの結果を受け入れていない。現地をみれば、コパンジャン・ダム建設初期から現在に至るまで多くの問題が残されたままであることは明らかである。

日本政府およびインドネシア政府は透明性のある情報を住民に提供していない。それは、まるで住民の目を塞いでいるかのようだ。

ダムができて二〇年、この間に洪水、地滑り、頻繁に起こる停電、社会経済上の問題、環境汚染などが住民たちに次々と降りかかってきた。コトパンジャン地域ではダムの上下流に洪水が毎年のように起こっている。地滑りと環境汚染があちこちで起こり、森もあちこちでハゲ山と化している。

最近で最もひどい災害は二〇一七年三月に発生した。それは、バンカランとカブル・スンビラン地域での洪水である。タンジュン・パウ村とタンジュン・バリット村での地滑りはおよそ八〇カ所となり、そのためリアウ州と西スマトラ州を結ぶ交通網は寸断され、死者までもだした。停電は十日ほど続き、役所が閉鎖され、学校は休校となった。

コトパンジャン・ダムが建設されて以降、自然災害が増えたとする分析が多くあり、コトパンジャン・ダムの存在そのものを問題視するメディアもある。コトパンジャン・ダムの解体は適切か、そうすべきかどうか、今も問いたい。

コトパンジャン・ダム被害者闘争協議会
事務局長　イスワディ・ＡＳ

あとがき

「歴史の中に真実の記録を刻みこむためにたたかっている」（室原知幸）

ダム建設反対を語ろうとすると、筑後川の下筌《しもうけ》ダム建設予定地に蜂ノ巣城を作って一九六〇年代の国家と対峙した室原知幸の闘いを重ねてしまう。その蜂ノ巣城は渓谷にあっても堅固な造りであり、建築学者も感嘆する技術で建てられていた。その城には山間に住む人びとの文化や知恵などが遺憾なく活かされていたのである。室原が城を建てたことは直接的には強制収容に対抗するためであろうが、育んできた文化や知恵の喪失に抵抗することも込められていたはずだ。

「人びとのために近代化しよう」というかけ声は甘く聞こえ、目先の利益が多くの人の関心をよぶ。同時に、失われるものの存在が見えなくさせられる。ダム建設も甘いかけ声の典型例である。この構図がインドネシアの赤道直下のコトパンジャンの村々にも及んでしまった。しかも、政府開発援助というお金が使われた。「近代化」と「援助」の二重の押し付けだった。

コトパンジャン・ダム建設当時のインドネシアが独裁下にあったため、生きることさえも難しい状況を強要されたコトパンジャンの人びとは声も上げられなかった。それはまた、ミナンカバウ社会や文化の喪失に対しても抵抗させないことであった。独裁終了後、やっと声を上げることができるようになったのである。

室原は城と法律でダム建設に対抗したが、ダム完成後のコトパンジャンの人びとに残されたものは裁判しかなかった。それでも、外国である日本で裁判をすることは彼らもすぐには想定できなかったのではないか。日本からの働きかけも受けながら裁判にこぎつけ、十三年以上におよぶ長期戦を闘いぬいた。

本書は、初めて政府開発援助（ODA）による被害の回復を求めて起こされた裁判の記録を主にしている。コトパンジャン裁判は、秘密保護法の成立などによって政府関連文書の開示が非常に困難になった状況を勘案すると空前絶後の裁判ともいえよう。裁判の全容を示すものは膨大であるため、本書はその一部の紹介にすぎない。ただし、裁判で問われたことの主な内容については書き込んだ、と自負している。

裁判には数多くの人びとの協力や援助があった。その集積があったからこそ、裁判を続けられた。最後に、この裁判を最初から最後まで導いていただいた鷲見一夫氏と弁護団一二名の方々はじめ証人、意見書、調査などに関わられたすべてのみなさまにこの場を借りて最大限の感謝をささげたい。

石橋和彦

資料

1　コトパンジャン裁判関連年表

〈1992年〉
10月16日　コトパンジャン・ダム本体の建設工事開始

〈1997年〉
2月　コトパンジャン・ダム本体工事完了
3月〜7月末　インドネシア共和国国有電力公社が湛水開始、湛水完了

〈2001年〉
5月　鷲見一夫新潟大学教授とNGO関係者がコトパンジャン現地を訪問、被害実態の調査と被害者住民との交流を行う
7月19日〜　3名の住民代表が来日する（東京・大阪・神戸・名古屋・徳島・沖縄で日本の市民に現地の窮状を訴える）
10月6日　第一回勉強会（京橋区民館）
11月7日　水没10カ村の代表により、「コトパンジャン・ダム被害者住民闘争協議会」（BPRKDKP）が結成される
12月7日　「コトパンジャン・ダム被害者住民を支援する会」結成（大阪で結成会）
12月7日　パンフレット「インドネシア　コトパンジャン・ダムは告発する」発行

資　料１　コトパンジャン裁判関連年表

〈２００２年〉

1月24日　ＪＢＩＣ（国際協力銀行）により事後評価ミッションが現地に派遣される

3月　「コトパンジャン・ダム被害者住民闘争協議会」に新たに3カ村（タンジュン村、バルン村、パンカラン村）の代表が参加

5月27日〜30日　西スマトラ州の州都パダンにおいて、「コトパンジャン・ダム被害者住民闘争協議会」の第1回コングレス開催（ＴＢＳニュース23とＮＨＫの取材チームが同行）

7月25日〜8月1日　インドネシア側弁護団長アデル・ユシルマン弁護士が来日し、外務省・ＪＢＩＣに問題の解決を要請、長野・東京・大阪で講演

9月5日　第一次提訴　ダム撤去など原状回復と被害への賠償を求めて日本政府・東電設計・ＪＢＩＣ・ＪＩＣＡを被告として東京地裁に提訴（被害者住民ら16名が来日）外務省・ＪＢＩＣ・東電設計・ＪＩＣＡとの交渉、記者会見、国会議員懇談会、提訴報告集会開催

9月6日〜9月12日　全国キャンペーンツアー、大阪／広島／神戸／福岡／名古屋／栃木／京都で提訴報告集会・交流会

10月18日　パンフレット「インドネシア　コトパンジャン・ダム訴訟　訴状」発行

12月6日　タラタク協会がアジア人権賞受賞　アルメン代表を迎えて東京で授賞式、その後新潟、大阪で祝賀集会

〈２００３年〉

1月11日〜1月16日　「支援する会」主催第1回スタディ・ツアー実施

2月27日〜3月5日　第二次提訴の打ち合わせと、水田トラスト調査のためインドネシア訪問（フォトジャーナリスト伊藤孝司氏と朝日新聞角谷記者が同行）

3月11日　進行協議（東京地裁）
3月27日　インドネシアから原告・現地支援者7人来日
3月28日　第二次提訴　被害者住民4535人とスマトラ象、虎、バクなどの動物原告が東京地裁へ提訴、住民原告は第一次分と合わせて8396人という日本の裁判史上最大の原告数になった。また動物をはじめとする現地の自然生態系を代表してインドネシア有数の環境保護団体であるWALHI（インドネシア環境フォーラム）も訴訟に加わった
3月29日～4月2日　大阪、東京、名古屋、広島で原告を向かえた歓迎・交流会が開催
7月2日～7月7日　原告：イスワディ・AS、タラタク協会：ジョニ・ウユン、ワルヒ弁護士：ハイリル・シャが来日
7月3日　第1回口頭弁論
7月3日　「支援する会」第2回総会（会場：渋谷勤労福祉会館）東京集会（渋谷勤労福祉会館）
7月4日　京都報告集会（京大文学部新館講義室）
7月5日　大阪報告集会（エルおおさか）
7月6日　滋賀報告集会（滋賀県男女共同参画センター　46人参加）
7月11日　立命館大　伊藤孝司氏講演会40人
7月31日　「支援する会」第1回幹事会（弁護士会館）東京弁護団会議（第二弁護士会館）終了後弁護団会議
8月7日　「サポーターズ京都」結成会（キャンパスプラザ）
8月9日　「コトパンジャン全国連絡会」結成会（京都教育文化センター）
9月7日　「支援する会」第2回幹事会（東京　浜松町海員会館）
7月5日　「支援する会」第2回総会（会場：エルおおさか）

8月20日～8月27日　弁護団・「支援する会」合同現地調査
9月11日　第2回口頭弁論（傍聴：アルフィアヌス、アミル・マアーン、ロハナ）
10月9日　第3回口頭弁論（傍聴：アリ・フシン・ナスティオン、シャムスリ、ジョンソン・パンジャイタン）
11月13日　第4回口頭弁論（傍聴：サイダン、サムシナル、ジョニ・ウユン、イマン・マスファルディ、ジョンソン・パンジャイタン）
12月11日　第5回口頭弁論（傍聴：アブドゥル・アジム、イフダル・カシム、ロニー・イスカンダル）

〈2004年〉

1月5日～1月11日　弁護団・「支援する会」事務局合同現地調査
1月16日～1月21日　第4回世界社会フォーラム（インド・ムンバイ）に「支援する会」事務局員2名とワルヒ・リアウから1人が参加。公正判決署名、情報公開キャンペーンを世界の仲間に訴えてきた
1月22日　第6回口頭弁論（傍聴：ジョンソン・パンジャイタン、アリ・ビラル、アルフィアヌス）
2月25日～2月27日　ジャワ島ボゴールでインドネシア弁護団会議（日本側の参加：沓沢、遠山、坂井、久保）
3月10日～3月22日　原告（ダトゥ・ムド）と支援者2人（アリ・フシン・ナスティオン弁護士、リダハ・サレ）が来日
3月11日　第7回口頭弁論、進行協議、公正判決要求署名2151筆提出
3月11日　報告集会（会場：弁護士会館）、「ここがおかしいODAシンポ」（会場：港勤労福祉会館）
3月15日　京都集会（会場：京大文学部新館第3講義室）
3月16日　滋賀集会（会場：近江八幡）
3月17日　広島集会（会場：アステールプラザ）

3月18日　進行協議（東京地裁）
3月21日　青法協・人権交流集会（会場：早稲田大学）
4月3日　「支援する会」第3回総会（会場：エルおおさか）
4月30日〜5月7日　弁護団・支援者合同現地調査
6月4日〜6月9日　弁護団・支援者合同現地調査
6月23日〜6月28日　弁護団・支援者合同現地調査
7月2日　第8回口頭弁論（傍聴：マスルル・サリム、イスワディ・AS）
7月30日　第9回口頭弁論（傍聴：イスワディ）、全交（平和と民主主義をめざす全国交歓会）大会に参加し支援を訴えるとともに、ODA問題での国際会議開催を確認
7月30日〜8月2日　イスワディ事務局長を招請
8月2日〜8月10日　弁護団・支援者合同現地調査
8月12日〜8月20日　弁護団・支援者合同現地調査
9日3日〜9月9日　弁護団・支援者合同現地調査
9月17日　第10回口頭弁論（傍聴：現地なし）
9月23日〜10月1日　弁護団・支援者合同現地調査
10月22日　パンフレット「インドネシア共和国におけるコタパンジャン水力発電および関連送電線建設事業のための国際協力銀行（JBIC）の援助効果促進調査（SAPS）中間報告2002年5月　付属書3『NGOによって実施された村アセスメントの結果』」を発行
10月22日　第11回口頭弁論（傍聴：イェニー・ロサ・ダマヤンティ）10／22広島、10／23京都、10／26法政大学・一橋大学、10／27横浜、10／28大東文化大、10／29東京国際大、10／31中央団結祭り

11月6日～11月12日　弁護団・支援者合同現地調査
12月　タイで行われた「世界ダム会議」に原告や現地代表を含む代表団を派遣
12月8日～12月10日　弁護団・支援者合同現地調査
12月9日　「住民闘争協議会」がNGOの支援を受け、ジャカルタでのデモを行う。日本大使館との交渉実現、国会でスマトラ出身国会議員との懇談
12月10日　第12回口頭弁論（傍聴：イェニー・ロサ・ダマヤンティ）
12月10日　パンフレット「『コトパンジャン水力発電プロジェクトの社会的・経済的影響の調査』海外経済協力基金（ＯＥＣＦ）ジャカルタ事務所に対して提出された最終報告書」発行

〈2005年〉
1月5日～1月10日　弁護団・支援者合同現地調査
1月27日　第13回口頭弁論
2月10日～2月16日　鷲見代表単独現地調査
3月10日　第14回口頭弁論
3月11日　「公正判決要求署名」２１５1筆を提出
3月22日～4月2日　鷲見代表現地調査
4月16日　「支援する会」第4回総会（会場：エルおおさか）
4月28日　第15回口頭弁論
4月29日～5月7日　弁護団・支援者合同現地調査、住民大会（５／１、５／２）参加
5月28日～6月3日　鷲見代表現地調査
6月9日　第16回口頭弁論

6月23日〜6月28日　弁護団・支援者合同現地調査
7月7日　第17回口頭弁論
7月28日〜8月7日　イェニーの招請と全国キャンペーン　8／2市川、8／3東京、8／5滋賀、8／6奈良、8／7大阪
7月29日〜8月1日　弁護団・支援者合同現地調査
8月1日　パンフレット「コタパンジャン『行動計画』の実現のための進捗モニタリング調整チーム2003年実施報告書」発行
8月15日〜8月21日　弁護団・支援者合同現地調査
9月1日〜9月6日　弁護団・支援者合同現地調査
9月16日　第18回口頭弁論（総論立証）証人：鷲見一夫（元新潟大学法学部教授）
10月17日　第19回口頭弁論（総論立証）
　証人：アーエス・ダトゥ・ムド（タンジュン・パウ村住民原告）
　証人：グスティ・アスナン（アンダラス大学教授）
11月17日　第20回口頭弁論（総論立証）証人：エム・ラサッド・ダトゥ・バンダロ・サティ（バトゥ・ブルスラット村住民原告）

〈2006年〉
2月9日　第21回口頭弁論（各論立証）
　証人：シャムスリ（タンジュン・バリッド村原告）
　証人：ワルディア（コト・トゥオ村原告）
2月14日〜2月19日　弁護団現地調査

3月9日　第22回口頭弁論（各論立証）
証人：マルリス（コト・ムスジッド村原告）
証人：ザキルマン（ルブック・アグン村原告）
4月27日　第23回口頭弁論
証人：アミル・ベー（バトゥ・ブルスラット村住民原告）
4月29日　「支援する会」第5回総会（会場：大阪ドーンセンター）
6月7日〜　弁護団・支援者合同現地調査
6月9日　東京地裁が文書提出命令申し立て裁判で原告の要求を一部認める決定を出す
7月8日　首都圏裁判報告・学習会（京橋区民館）
7月16日　関西裁判報告・学習会（エルおおさか）
7月20日　「支援する会」現地訪問
8月3日　毎日新聞がタンジュン・アライ村のアスベスト屋根について報道（「負の遺産」）
8月9日〜　「支援する会」現地訪問
8月21日　参議院ＯＤＡ調査団（第2班：東南アジア地域）―団長：鶴保庸介（自民）、柏村武昭（自民）、白眞勲（民主）、前川清成（民主）、大門実紀史（共産）―が現地を視察。ダムサイトで住民集会（５００人以上）が行われ、議員団と会談
9月9日〜　「支援する会」現地訪問
9月13日〜15日　鷲見代表がエジプトのアレキサンドリアで開催された「19th IAPS International Conference on "InvoluntaryResettlement, Social Sustainability, and Environmental Risks"」に招待され、講演
9月18日　タンジュン・パウ村の青年たち３００人が、新婚世帯の生活改善を求めて西スマトラ州の

11月21日〜　リマ・プル・コタ郡の郡庁があるパヤクンブでデモを行った
「支援する会」事務局員現地訪問

〈2007年〉

1月31日〜　弁護団・支援者合同現地調査
3月24日〜25日　青法協第13回人権研究交流集会（名古屋）で奥村弁護士が発言
3月31日　絵本「ぞうのラティフ」出版記念会（近江金田教会）
5月12日　「支援する会」第6回総会（会場：大阪青少年会館）
5月30日　文書提出命令裁判の抗告審で東京高裁決定は地裁決定（東電設計にはコンサルタント契約や工事の進捗状況、完成報告書の提出を命令。国・JBICに対する借款契約やダムの湛水に関する文書は外交機密として提出を認めず）を維持する決定を行った
6月10日　情報公開に関する弁護団勉強会（講師：難波満弁護士）・弁護団会議（東京海員会館）
6月29日　東京高裁が東電設計の不服申し立てを認めない決定。原告側の不服申し立ても同様に認められなかった。なお、JBICの湛水に関する本社とジャカルタ事務所、JBICとインドネシア政府機関との間の文書の提出については地裁へ審理を差し戻した
7月12日　東京地裁からの借款契約関係の文書提出命令に対する意見聴取に対して、麻生太郎外務大臣は外交機密で公表できないとの意見書を出した
文書提出命令に関する東京地裁での進行協議
7月19日　弁護団・支援者合同現地調査。コトパンジャン・ダムサイト近くのバンキナンで開催された闘争協議会のムシャワラに参加（奥村弁護士、遠山）
7月22日　カリム議長を迎えて大阪市交流会（エルおおさか）
7月30日

8月2日	カリム議長とともに国会訪問し、近藤（社民）、大門（共産）、保坂（社民）、白（民主）の各議員に支援要請を行った
8月3日	カリム議長が東京でのワンデー・アクション（全交主催）に参加し、東電設計とＪＢＩＣへの要請を行った。ＪＢＩＣでは総務部総務課長と交渉し、早期解決を求める要請を行った
8月4日～5日	カリム議長、全交大会（大田区民センター）に参加してコトパンジャン問題への連帯を呼びかける
9月5日	最高裁が東電設計の提出した特別抗告を棄却決定した。これにより文書の提出を命じた地裁決定が確定
9月15日	地裁での差し戻し審理により、ＪＢＩＣが湛水に関する文書（黒塗り）を提出
9月20日	東電設計が文書提出命令によりコトパンジャン・ダム建設に関する「監理契約書」（3冊、約７３０ページ）、「進捗状況報告書」（17冊、約１５００ページ）、「完成報告書」（3冊、約１１００ページ）を提出　いずれも無修正の英文
10月1日	文書提出命令に関する東京地裁での進行協議
10月26日	文書提出命令に関する東京地裁での進行協議
11月28日	文書提出命令に関する東京地裁での進行協議
12月7日～16日	「支援する会」現地訪問。15日にバンキナンで開催された闘争協議会のムシャワラに参加して裁判の状況を説明した
12月20日	東京地裁での進行協議。ＪＢＩＣの未提出文書に関しては、裁判所が事実上のインカメラ手続きで処理することを確認。また裁判所から来年5月29日に被告側証人調べを行うことが提案された

〈2008年〉

1月29日　東京地裁で進行協議。裁判所からJBICの文書に関する事実上のインカメラ手続きの結果に関する口頭報告があり、原告側は口頭でこの件に関する文書提出命令を取り下げる旨を表明。これで文書提出命令関係の裁判はすべて終了した。今後本体裁判に関して原告側は林梓氏を証人請求することを表明

2月9日～11日　弁護団・支援者合同現地調査

3月18日　東京地裁での進行協議

4月24日　東京地裁での進行協議。原告側からの敵性証人採用の要求について裁判所は「とりあえず、山田尋問と吉田尋問を行って、その結果から必要であれば酒井氏の証人尋問を行うことを検討する」と回答。5月29日の証人尋問の時間配分を決定

5月29日　「支援する会」第7回総会（会場：東京　京橋プラザ区民館）

7月30日　全交大会参加のためイスワディ事務局長が来日

8月2日～3日　全交京都大会（全体集会　京都大谷会館、コトパンジャン分野別討議　キャンパスプラザ）

8月14日～17日　「支援する会」現地訪問

9月5日　最終準備書面提出

9月10日　カリム議長、イスワディ事務局長が来日、弁護団との打合せ後、交流集会（海員会館）を開催

9月11日　最終口頭弁論（カリム議長が陳述）・結審

12月23日　弁護団・支援者合同現地調査

12月31日　闘争協議会臨時大会開催（日本の弁護団は裁判の説明、上訴の場合の一任をとる）

〈2009年〉

7月6日　裁判所から連絡があり、判決申渡しは9月10日に決定
7月31日　「支援する会」第8回総会（会場：東京　京橋プラザ区民館）
9月8日　イスワディ、ジュナイディ来日
9月9日　WALHIのベリー代表来日、JICAとの交渉
9月10日　東京地裁判決・記者会見、報告集会（港勤労福祉会館）
9月12日　滋賀交流会（午後1時から）、関西報告集会（エルおおさか）
9月13日　枚方市交流会（ひこばえ事務所）
10月23日〜11月1日　「支援する会」現地訪問
12月28日〜1月3日　弁護団・支援者合同現地調査

〈2010年〉

4月16日〜21日　グスティ・アスナン教授来日
4月17日〜18日　グスティ・アスナン教授とともに弁護団合宿（宇治市内）
7月22日〜29日　「支援する会」現地訪問（コトパンジャン、ジャワ島のクドゥン・オンボ）
7月29日〜8月4日　カリム議長来日
7月31日〜8月1日　全交大会（エルおおさか）カリム議長参加
10月22日　高裁での打合せ（控訴側代理人だけ）
10月30日〜11月7日　弁護団・支援者合同現地調査（コトパンジャンとジャワ島のクドゥン・オンボ、ウオノギリ）
12月27日〜1月3日　弁護団・支援者合同現地調査

〈2011年〉

2月26日　「支援する会」第9回総会（会場：東京　古石場文化センター）

5月28日　控訴理由書を発送（5月30日、裁判所受理）

7月30日～31日　東京で第1回反ＯＤＡシンポジウムを開催（イスワディ事務局長とフィリピンのバタンガス国際港被害者住民代表のテルマ氏に加えて、インドネシア環境フォーラム（ＷＡＬＨＩ）のベリー全国執行委員長を招請）

11月30日　被控訴3者（国、ＪＩＣＡ、東電設計）が答弁書を提出

12月15日　第３回進行協議で、東京高裁は２０１２年3月2日に１０１号大法廷（傍聴定員９９人）を使用して口頭弁論を開催することを決定

〈2012年〉

3月1日　高裁第17民事部へ６２８８筆（うち４８６９筆はインドネシアで集められた）の公正判決要求署名を提出

3月2日　控訴審第1回口頭弁論（アリ・アムラン氏が陳述）

4月24日～5月20日　事務局員が現地に長期滞在し、闘争協議会の役員とともに証拠集め（主に移転前の写真データの収集）を行った

5月2日～5月7日　弁護団・支援する会合同現地調査

6月初め　主尋問担当弁護士がインドネシアへ再出張し、イスワディ氏との打ち合わせを実施

6月15日　証人尋問準備のため、イスワディ事務局長来日

6月22日　控訴審第2回口頭弁論（証人：イスワディ）

7月28日～29日　大阪で「第2回ＯＤＡを問う国際連帯シンポジウム」を開催

9月14日　控訴審第３回口頭弁論（傍聴：ヘルマン―タンジュン村）、審理の終結が宣告

9月14日　「支援する会」第10回総会（会場：東京　京橋区民館）

12月22日〜12月25日　弁護団・支援する会合同現地訪問

12月23日　「住民闘争協議会」のムシャワラ開催。控訴審判決への対応を協議

12月25日　「住民闘争協議会」カリム議長来日

12月26日　東京高裁が不当判決申渡し

12月28日　現地で「住民闘争協議会」のムシャワラが開催され最高裁への上訴が決定された

〈2013年〉

1月7日　被害者住民5609人とワルヒ（インドネシア環境フォーラム）は上告受理申立と上告を行った

1月12日〜1月15日　弁護団・支援する会合同現地訪問

1月13日　「住民闘争協議会」がコングレス（大会）を開催
来賓は日本の弁護士と「支援する会」事務局長、ジャカルタからワルヒのネゴ全国委員長とムヌール弁護士。カリム議長・イスワディ事務局長の現執行部を再任したうえで、上告して裁判闘争を継続する方針が確定。ワルヒも裁判闘争を闘っていくと決意表明

3月14日　訴訟救助申立について東京高裁は「付与の要件を具備していない」として却下。1週間以内に約6800万円の訴訟手続き費用を支払えという決定を出した。弁護団が納付期限の延長を申し立てた結果、4月15日まで延長となった

3月18日〜3月28日　上告人住民の意思確認のため、弁護団の委任を受けて「支援する会」事務局員が現地を訪問

3月19日　「住民闘争協議会」は緊急のムシャワラ（役員会）を開催し、深夜に渡る討議の結果、訴額を一人1万円にひき下げ、上告を申し立てた全員で最後まで一緒に裁判を継続する方針を

決定

4月12日　弁護団は高裁に印紙代（約41万円）を納付。これは約2カ月間で70名を超える方々から集中されたカンパによる

5月21日　雑誌「g2（ジーツー）」（講談社ＭＯＯＫ）に斉藤氏のコトパンジャン取材記事が掲載された

6月3日　最高裁へ上告受理申し立て理由書（住民）と上告理由書（ワルヒ）を提出

8月23日　最高裁第二小法廷より「記録到着通知書」の送付があり、審理が開始

9月3日〜9月11日　「支援する会」スタディ・ツアーを実施

9月7日　「住民闘争協議会」がムシャワラを開催。事務局から上訴の経過について説明

11月29日　「支援する会」第11回総会（会場：東京　京橋区民館）

〈2014年〉

4月2日〜5月6日　「支援する会」事務局員2人が現地訪問

5月3日　「住民闘争協議会」とワルヒ・リアウが合同で住民支援のネットワーク形成をめざす「プカンバル会議」を開催。この会議には、「住民闘争協議会」第3回大会（於：タンジュン・パウ村）以降では最大数となる13カ村の役員たち（25人）、ジャカルタのワルヒ全国執行委員会代表（2人）、リアウ州・西スマトラ州の支部役員、法律家団体のＬＢＨやＫＢＨリアウなどが参加

8月1日〜8月3日　「支援する会」が主催し、大阪で第3回「原発輸出反対！　国際連帯シンポジウム」を開催。コトパンジャン裁判弁護団の浅野史生弁護士が日本側のパネラーの1人として議論を行った

12月12日　「支援する会」第12回総会（会場：東京　中央区立産業会館）

〈2015年〉

3月4日　最高裁第二小法廷（千葉勝美裁判長ほか3人）が、被害者住民（5921人）に対して上告受理申し立て不受理の決定を、インドネシア環境フォーラム（ワルヒ）に対して上告棄却の決定を行った。それぞれの理由は、上告受理申し立てについては「法令の解釈に関する重要な事項を含む」（民事訴訟法318条）場合に該当しない、上告については憲法違反に該当しないという不当決定

5月2日～5月8日　浅野弁護士と事務局員2人がジャカルタとコトパンジャン現地を訪問。ワルヒ全国委員会（アベト・ネゴ委員長、エド広報担当）とジャカルタで会談。コトパンジャン現地については3日間にわたって個別もしくは数カ村まとめてのムシャワラ（説明会）を開催。裁判結果の報告を受けて日本における法的な争いを終結することにした

5月9日　英字全国紙「TheJakartaPost」（ジャカルタポスト）が、5月9日号の8面「Archipelago」（群島）でイスワディ事務局長のインタビュー記事を大きく掲載した

12月23日　「支援する会」第13回総会（会場：大阪LAGセンター、東京飯田橋事務所）

〈2017年〉

1月9日　「支援する会」第14回総会（会場：大阪LAGセンターと東京飯田橋事務所をスカイプで結んで開催）

注・インドネシア人と事務局員については敬称略

訴　　状

2002年9月5日

東京地方裁判所民事部　御中

原告3861名訴訟代理人
弁　護　士　古　川　　美
同　　　　　浅　野　史　生

当事者の表示　別紙当事者目録記載のとおり

損害賠償等請求事件
　訴訟物の価額　金193億0785万円
　貼用印紙額　金　　　0円（訴訟救助申立予定）

請　求　の　趣　旨

1　被告日本国は、インドネシア共和国政府及びインドネシア国営電力公社に対して、別紙1記載の勧告を行え

2　被告東電設計株式会社は、インドネシア共和国政府及びインドネシア国営電力公社に対して、別紙2記載の勧告を行え

3　被告日本国は、インドネシア共和国政府及びインドネシア国営電力公社に対して、別紙3記載の勧告を行え

4　（予備的請求）
仮に、前記請求の趣旨1ないし3が容れられない場合、被告日本国は、インドネシア共和国政府及びインドネシア国営電力公社に対して、別紙4記載のとおりの勧告を行え

5　被告らは、原告らに対し、連帯して、各金500万円及びこれに対する訴状送達の日の翌日から支払済みまで年5分の割合による金員を支払え

6　訴訟費用は、被告らの負担とする

との判決並びに第5項について仮執行宣言を求める。

平成２１年(ネ)第５７４６号各損害賠償等費用請求控訴事件

判　決　要　旨

第1　当事者

1　控訴人　アブドル・アジズらインドネシア共和国の住民５９２１名，インドネシア環境フォーラム（ワルヒ）

2　被控訴人　国，独立行政法人国際協力機構，東電設計株式会社

第2　主文

1　本件控訴をいずれも棄却する。

2　控訴費用は控訴人らの負担とする。

第3　本件訴訟の概要

1　アブドル・アジズらインドネシアの住民５９２１名（以下「控訴人住民ら」という。）は，インドネシア共和国スマトラ島中部のカンパル・カナン川等の流域に居住する者らであるが，インドネシア共和国政府によって計画・実施されたコトパンジャン・ダム（本件ダム）の建設に伴い，強制的に移住させられた上，約束された財産の補償を受けられないなどの被害を被ったとして，本件ダムの建設資金である円借款を供与した被控訴人国，円借款契約を締結した海外経済協力基金（以下「基金」という。）を承継した被控訴人国際協力機構及び本件ダム建設プロジェクトに関与した被控訴人東電設計に対し，国家賠償法又は不法行為に基づき，各自５００万円の損害賠償請求をするとともに，被控訴人国及び同東電設計に対し，本件ダム建設以前の状態に復元することなどを，インドネシア共和国政府等に対して勧告するよう求めた。

2　控訴人インドネシア環境フォーラム（以下「控訴人ワルヒ」という。）は，インドネシア共和国で設立された財団法人であるが，被控訴人らに対し，本件ダムの建設により破壊された自然環境保護のために支出した費用の支払を求めるとともに，上記同様の勧告をするよう求めた。

第4　当裁判所の判断

1　控訴人らの金銭請求について

(1)　控訴人住民らの金銭請求について

ア　被控訴人国及び被控訴人国際協力機構に対する損害賠償請求について

円借款は，開発途上国のインフラの整備のために当該国の自助努力の支

援を目的として行われる有償資金協力であり，円借款により実施されるプロジェクトの主体は，あくまでも被援助国政府である。本件ダム建設プロジェクトの実施地域の控訴人住民らに対し移住以前と同等以上の生活水準を確保すべきことを内容とする住民の移住問題は，被援助国政府であるインドネシア政府が責任をもって対応すべきものであって，被控訴人国及び円借款契約を締結した基金が，控訴人住民らに対し，法的な注意義務を負うものでないことは明らかである。

被控訴人国及び基金は，本件円借款の供与に際し，インドネシア政府が移住地における住民らの生活水準を確保し，ダム流域住民らの移住及び補償の合意を公正かつ平等な手続により行うことなどの条件を定め，履行確保の特約をしているが，これらは，被控訴人国及び基金とインドネシア政府との間で効力を生じるものにすぎず，日本国政府及び基金が，控訴人住民らに対し，法的義務を負うものではない。

控訴人住民らは，被控訴人国及び基金に控訴人住民らに対する注意義務違反があったなどと縷々主張をするが，いずれも前提を欠くものといわざるを得ない。

したがって，控訴人住民らの被控訴人国及び被控訴人国際協力機構に対する損害賠償請求は，理由がない。

イ　被控訴人東電設計に対する損害賠償請求について

被控訴人東電設計は，本件ダム建設プロジェクトに関し，インドネシア共和国の国有電力会社（ＰＬＮ）等との間で締結した業務委託契約に基づき，受託業務を遂行したにとどまるから，ＰＬＮ等に対し契約上の義務を負う以上に，控訴人住民らに対し，移住以前と同等以上の生活水準を確保すべき法的な注意義務を負ったものと解することはできない。また，被控訴人東電設計が，受託業務を遂行した過程において，控訴人住民らに対し，直接的にその権利利益を侵害するような行為をしたと認めるに足りる証拠もない。

したがって，控訴人住民らの被控訴人東電設計に対する損害賠償請求は，理由がない。

(2)　控訴人ワルヒの金銭請求について

控訴人ワルヒの被控訴人らに対する費用支払請求は，その前提である被控訴人らに自然保護義務等があるとの主張に法律上の根拠がなく，理由がない。

2　控訴人らの勧告請求について

被控訴人国に対する勧告請求は，外交交渉を義務付けるものであって，司法権の限界を超えるから，不適法として却下を免れず，被控訴人東電設計に対する勧告請求は，その法的根拠が明らかでなく，理由がない。

第3　結論

以上のとおりであるから，原判決は，相当であり，本件控訴は，いずれも理由がない。

以　上

4　高裁判決への抗議声明（「支援する会」）

東京高裁の不当判決に抗議する声明

２０１２年12月26日、東京高等裁判所第17民事部は、コトパンジャン・ダム控訴審裁判について、控訴を棄却する不当判決を言い渡した。この判決は、２００９年の東京地裁一審判決に上塗りしたもので、「内政上の問題」であることを理由に、深刻な住民被害、環境破壊を引き起した責任をインドネシア政府に押し付け、ＯＤＡ拠出国である日本政府とＪＩＣＡ、東電設計の責任を免罪する不当極まりないものである。コトパンジャン・ダムによる住民・環境被害は、「内政問題」ではなく、日本政府と東電設計が3条件（住民の補償同意、移転同意、象の移転）を守らなかった結果、スハルト軍事独裁政権下での強制移住という人権侵害と世界遺産であるスマトラ島の熱帯雨林破壊を引き起した国際問題である。私たちは、高裁判決を満腔の怒りを込めて抗議する。

判決は、円借款についての日本政府見解をそのまま引用し、「円借款により実施されるプロジェクトの主体は、あくまで被援助国政府及び機関であり、自然環境の保全等の環境問題を含め、本件プロジェクトの実施地域の住民の移住問題は、被援助国政府が責任をもって対応すべき事柄」として、日本政府が法的な注意義務を負うものでないと判じた。

第1次借款契約に付された3条件についても、「本件3条件及び本件履行確保特約は、（中略）日本国政府及び基金が控訴人住民らとの関係で何らかの法的義務を負うものではないことは明らか」と日本政府とＪＩＣＡの責任を免罪している。しかし、履行確保特約条項は、円借款の貸付条件等を定めた基本約定の一部であり、「支払いの停止」条項に含まれる。判決は、国会において、再三にわたって3条件の確保が求められていたにもかかわらず、「履行されない場合、円借款を供与しないことができる」責任を行使しなかった点については、一言も触れていない。

また、判決は、東電設計の「住民同意が完了していないにもかかわらず行った湛水指示」についても、「当該地域の住民に対し、直接的にその権利利益を侵害するような行為を行ったことを認めるに足りる証拠はない」として認めなかったのである。

控訴人住民、ワルヒ及び代理人弁護団、支援する会は、控訴審において、被控訴人側の資料（援助効果促進調査等）を活用してダム被害実態の主張、立証することに重点を置いてきた。その結果、控訴審第1回口頭弁論において青柳馨裁判長は、⑴移転前の生活状況を知りたい。移転前がどうであったのかわからないと被害があったのかどうか比べられない　⑵どうして現地の人たちが裁判をすることになったのかを知りたい、とイスワディ証人の採用を認めた。そして、第2回口頭弁論において、イスワディ証人は移転前の豊かな生活実態を陳述し、一審判決が「インドネシアの辺境の山岳地域における一般的水準に比して特段に劣っているとは考えられず」とした認定を覆し、コトパンジャン地域の住民の生活状況が実は極めて豊かであったことを証明したのである。

そして、日本、インドネシア、フィリピンなどから総数七千筆を超える公正判決要求署名が集中され、裁判所に提出された。

しかし、東京高裁は、こうした公正判決を求める世論に応えることなく、被害者住民から陳述させながらも被害事実の認定を行わず、法律論だけで棄却したのである。

判決後の記者会見で住民闘争協議会のカリム議長は、「インドネシアの国内問題とした判決は間違っています。ODA供与・コンサルタント・工事など全てのことに日本政府・関係企業が関わっているからです。インドネシアにおいては、ただダム建設の場所を用意しただけ、ただそれを見ていただけ、という構図になっています」と怒った。また、2002年7月30日に放映されたTBSテレビの「ニュース23」でインタビューに応じたインドネシア政府高官はダム建設について、「自分たちに計画・実行させたらうまくいった」と語っていた。ODAが日本政府とJICA、日本企業による自作自演の構造にあることは明白であり、それにより発生した被害の責任は、日本政府とJICA、企業が取らねばならない。

ワルヒの弁護士であるムヌール氏は、「日本の国は、大変恥ずかしい国です。現地住民の生活は非常に厳しく、貧困に追いやられています。しかし日本は、相手の国のこと、住民のことを全く考えていないことがまざまざとわかりました」と語った。

グローバル資本の利益を擁護する日本の司法は、このように世界からの嘲笑を浴びるに違いない。そして、過去を反省することなくODAをグローバル資本の海外展開の呼び水にしようとする日本政府は、国際的な抗議行動に直面するだろう。

コトパンジャン・ダム被害者住民を支援する会は、被害者住民闘争協議会とともに、最高裁段階での闘争により一層奮闘する。そして、各国の反ODA闘争と連帯して日本ODA糾弾の闘いを強化する決意である。

2013年1月10日

コトパンジャン・ダム被害者住民を支援する会

5　高裁判決への抗議声明（弁護団）

弁護団声明

本件訴訟は、日本政府などに対してODAに伴う大規模住民移転の責任を追及した訴訟である。本件コトパンジャン・ダム建設は、1977年の東電設計によるプロジェクト・ファインディングを皮切りに、1981年フィージビリティ・スタディ（F／S）、1985年エンジニアリング・サービス（E／S）に係る11億5000万円の借款契約、1990年第一次交換公文及び借款契約（125億円）の締結、1991年第二次交換公文及び借款契約（175億2500万円）の締結、1992年ダム本体建設工事の着工、プロウ・ガダン村での最初の住民移転、1997年湛水開始・中止・湛水再開という過程を辿った。

この過程において移転を強制された住民数は、当初F／Sでは1万3907人と見積もられていたが、インドネシアにおける報道では2万3000人、1991年の外務省発表では2万2000人、2003年のJBICによる第三者評価報告によれば2万2074人であった。移転にあたって住民の一部は銃を突きつけられた。移転先は劣悪な状態であり、住民たちは、移転前の先祖代々からの豊かな生活を二度と取り戻すことができなくなった。住民たちの苦しい生活は未だに続く。本件コトパンジャン・ダムは住民たちにとっては何らの利益をもたらすものでなかったのである。

塗炭の苦しみを受けている住民たちは、2002年及び2003年に日本政府などを被告として東京地方裁判所に本件コトパンジャン・ダムにより被った被害の回復を求めて提訴をした。これに対して東京地方裁判所での1審判決（2009年9月10日判決言渡・東京地裁民事第49部）は、①住民移転は、インドネシアの国内問題であり、日本側（日本政府、ＪＢＩＣ、東電設計）は責任を負わず、また、②損害についても、移転後の各村は、スマトラの山間部の村の状況としては通常程度のものであり、移転による損害が発生したとは認められない等と判示し、住民たちの請求を棄却した。この東京地方裁判所の判決は、住民たちに生じた被害実態を一切無視する点で大きな誤りであった。

住民たちは、同年東京高等裁判所に控訴を申し立てた。本日、東京高等裁判所第17民事部においてその判決言渡がなされた。本日言い渡された判決の内容は、一審判決の誤りを何ら是正することのない、一審判決の上塗りともいうべき判断であった。

曰く「被控訴人国の公務員が、被援助国であるインドネシア共和国の国民である当該住民らに対し、プロジェクト実施により同住民らが不当に権利利益を侵害されることのないようにすべき法的な注意義務を負うものではないことは明らかである。」、「被控訴人東電設計は、本件プロジェクトに関し事業団ないしＰＬＮとの契約に基づき委託された業務を遂行したにとどまるものであるから、事業団ないしＰＬＮに対し契約上の義務を負う以上に、本件プロジェクトの実施地域の住民に対し、自然環境を保全しつつ、当該住民に移住以前と同等かそれ以上の水準の生活を確保すべき要請との関係で、その権利利益が不当に侵害されることのないようにすべき法的な注意義務を負っていると解することはできない。」等々。

要するに、ＯＤＡ供与にめぐって現地住民に生じた被害は全て被援助国の内政問題であるから、日本政府などは何ら責任を負うことはないということである。

当弁護団としては、このような東京高等裁判所の判決に対して満腔の怒りを込めて弾劾するとともに、早急に最高裁判所への上告申立・上告受理申立を行うことを表明する。

6　最高裁判決への抗議声明（「支援する会」）

声明：国際的に恥ずべき最高裁決定に抗議する

２０１５年３月４日、最高裁第二小法廷（千葉勝美裁判長）は、被害者住民（５９２１人）とインドネシア環境フォーラム（ワルヒ）に対して、申し立て不受理と上告棄却の決定を行った。この決定により、ダム建設が引き起こした深刻な住民被害や環境破壊を認定せず、すべてはインドネシアの「内政上の問題」だとした東京高裁判決（２０１２年12月26日）が確定した。

私たち「支援する会」は、１９９２年８月に始まる強制移転から22年余、２００２年９月の第一次提訴から12年余にわたる被害者たちの苦闘と、今なお進行する世界自然遺産の破壊や希少動物の減少を考える時、国際的に恥ずべきこの最高裁決定を徹底的に糾弾する。そして、コトパン住民や現地支援団体と最高裁決定への怒りを共有し、長期にわたる裁判闘争の過程で築き上げられた国際連帯の力により、反ＯＤＡの闘いを継続・強化・拡大することを宣言する。

ゆるぎない国際連帯の証は、上告受理申し立てを実現するために、短期間で集中された手数料カンパであった。また、継続する住民たちの生活改善闘争を支援するため、昨年５月に結成されたインドネシア・日本をつなぐ「支援ネットワーク」が運動継続の基盤である。私たち「支援する会」は、この「ネットワーク」の一員として、引き続き生活に困窮するコトパンジャンの若者たちの闘いを支援する。

同時に、被害をもたらした根本的な原因であるＯＤＡに対する闘いを推進する。昨年12月に結成された「戦略ＯＤＡと原発輸出に反対する市民アクション」（略称：コアネット）は、コトパン闘争を出発点にして生み出された。この新たな運動体は、「国益」追求と原発輸出、軍事支援を振りかざす「開発協力大綱」（2月16日閣議決定）路線に対する鋭い反対闘争を開始している。「支援する会」は「コアネット」と連携し、ODAの廃止を求める闘いを強化・拡大する。

以上の立場から、「支援する会」は不当決定を乗り越え、日本政府、JICAらに対する闘いを継続・強化することを表明する。

2015年3月20日

コトパンジャン・ダム被害者住民を支援する会

7　最高裁判決への抗議声明〈弁護団〉

最高裁決定抗議声明〈弁護団〉

最高裁判所第二小法廷は、本年3月4日、コトパンジャン地域住民らによる上告受理申立て、インドネシア環境フォーラム（ワルヒ）による上告申立てに対し、上告審として受理をしない決定及び上告棄却の決定を下した。この最高裁決定は、2012年12月26日付け東京高裁判決を追認し、コトパンジャン・ダム建設強行によって生じた住民の生活上、精神上、文化上、多大な環境破壊に目をつむり、ODAを供与することによってこれらの被害を生じさせた日本政府らを免罪するものであり、不当極まりない。最高裁第二小法廷が追認した東京高裁判決の問題点は次の2点に要約できる。

第1に、住民らに生じた被害を何ら明らかにしなかった点である。しかし、コトパンジャン・ダム建設によって生じた被害は計り知れない。住民らは銃口を突き付けられ、村を追われ、移転先に追い立てられた。移転先は劣悪極まりなく、日々の飲料水の確保すら困難な住民もいた。長年培ってきたミナンカバウ文化の伝統は完全に破壊され、元の村での豊かな暮らしは二度と取り戻すことはできなくなった。コトパンジャン・ダムは建設されるべきではなかったのである。日本の司法はこのような被害実態を一切無視した。被害実態の認定、それに対する救済こそ司法の基本的な役割であるが、最高裁第二小法廷はこれを放棄したのである。

第2に、ODA供与を巡って住民に生じた被害は全て被援助国の内政問題であるから、日本政府らは責任を負わないとした点である。しかし、コトパンジャン・ダムは日本のODA供与がなければ建設されなかったことは明らかであり、被害発生について日本政府らに責任があることは明らかである。東京高裁判決を追認した最高裁第二小法廷は、これを看過するという決定的な誤りを犯した。
コトパンジャン・ダム訴訟弁護団はこのような最高裁決定を断じて許すことはできない。最高裁決定を弾劾し、住民ら及び支援する会とともに、今後とも日本政府らの責任を明らかにする取り組みを行っていく。

2015年3月20日

[著者略歴]

コトパンジャン・ダム被害者住民を支援する会

「コトパンジャン・ダム被害者住民を支援する会」は、2001年12月7日に結成された。ＯＤＡが人権侵害を引き起こしたこと、よってＯＤＡを廃止すること、そして被害からの回復を求めること、およびコトパンジャン・ダム被害者住民の闘いを支援することを設立趣旨に掲げている。史上初となるＯＤＡを問うコトパンジャン・ダム裁判が2002年９月に開始され、「支援する会」はこの裁判の支援に踏み出した。

コトパンジャン・ダム裁判は、コトパンジャンの住民たちが被った社会・経済・文化的な被害を回復するための闘いである。「支援する会」は被害者住民とともに、「援助」の名のもとに生活と自然環境を破壊した日本政府・援助機関の責任を追及してきた。

さらに「支援する会」は、支援活動の積み上げと反ＯＤＡの取り組みを通じて新しい運動体である「戦略ＯＤＡと原発輸出に反対する市民アクション」（略称、コアネット、2014年12月結成）の立ち上げにも寄与した。

「支援する会」は、裁判を通じて結ばれた被害者住民との連帯を今後も継続させていく。

ホームページ　http://www.kotopanjang.jp
連絡先　19520320bd@tone.ne.jp

ＯＤＡダムが沈《しず》めた村《むら》と森《もり》

——コトパンジャン・ダム反対25年の記録

2019年2月28日　初版第1刷発行　　定価2400円＋税

編　者　コトパンジャン・ダム被害者住民を支援する会 ©
発行者　高須次郎
発行所　緑風出版
〒113-0033　東京都文京区本郷2-17-5　ツイン壱岐坂
［電話］03-3812-9420　［FAX］03-3812-7262［郵便振替］00100-9-30776
［E-mail］info@ryokufu.com［URL］http://www.ryokufu.com/

装　幀　斎藤あかね
制　作　R 企 画　　印　刷　中央精版印刷・巣鴨美術印刷
製　本　中央精版印刷　　用　紙　中央精版印刷・大宝紙業　　E1200

ISBN978-4-8461-1903-4　C0036